建成环境对老年人步行活动
及安全的影响研究

陈　春　著

科　学　出　版　社

北　京

内 容 简 介

建成环境是交通运行和交通安全的构成基础，直接影响人们的出行效率和安全，也是当下研究的热点。但目前关于建成环境影响老年人步行安全的研究还存在理论与方法的不足。本书以建成环境对老年人步行安全的影响为切入点，考虑建成环境对老年人步行活动的影响，结合理论分析和现场调查，揭示建成环境对老年人步行活动和步行安全的影响机理，建立"建成环境—步行活动—步行安全"分析模型，并提出促进老年人步行安全的优化策略。

本书对于优化建成环境、有效减少老年人的步行安全风险具有重要的理论意义和应用价值。本书可供从事地理学、交通运输、公共安全等相关研究人员和高等院校师生阅读、参考。

审图号：渝 S（2024）090 号

图书在版编目（CIP）数据

建成环境对老年人步行活动及安全的影响研究 / 陈春著 . -- 北京：科学出版社，2024. 12. -- ISBN 978-7-03-079754-4

Ⅰ . X956

中国国家版本馆 CIP 数据核字第 2024BG3888 号

责任编辑：李晓娟 / 责任校对：樊雅琼
责任印制：徐晓晨 / 封面设计：无极书装

科学出版社 出版

北京东黄城根北街 16 号
邮政编码：100717
http://www.sciencep.com

北京天宇星印刷厂印刷
科学出版社发行　各地新华书店经销

*

2024 年 12 月第　一　版　开本：720×1000　1/16
2025 年 1 月第二次印刷　印张：8 3/4
字数：300 000

定价：128. 00 元
（如有印装质量问题，我社负责调换）

序

人口老龄化已成为全球性的社会现象，我国也正处于老龄化加速发展的阶段。随着老年人口的持续增长，老年人的生活质量、健康状况以及出行需求等问题日益成为社会关注的焦点。其中，老年人的步行活动作为其日常出行和身体锻炼的主要方式，对其身心健康具有至关重要的意义。然而，老年行人又是道路上的脆弱群体，面临着诸多步行安全隐患。在这样的大背景下，深入研究建成环境对老年人步行活动和步行安全的影响，显得尤为迫切和重要。

该书作者凭借敏锐的学术洞察力，毅然投身于这一具有深远社会意义的研究领域。在国家有关部委项目资助下，作者团队以重庆市渝中区这一典型区域为研究样本，展开了深入细致的调研。通过问卷调查、实地走访、数据采集等多种方式，收集了丰富、翔实的一手资料，涵盖了老年人的步行活动特征、交通事故数据以及建成环境等多源异构信息等。在数据分析阶段，团队成员充分发挥各自的专业优势，运用前沿的机器学习模型等，研究"建成环境—步行活动—步行安全"相互耦合的关系。在重要期刊上陆续发表了多篇高质量论文，作为优化城市建成环境保障老年人安全出行的参考或依据。

该书结构严谨，逻辑清晰，亮点精彩纷呈。其一，研究视角独特，将建成环境、老年人步行活动和步行安全有机结合，形成了一个完整的研究体系，为该领域的研究提供了全新的思路和方法。其二，研究方法先进且科学，综合运用多种数据收集手段和分析模型，充分考虑了现实情况的复杂性和多样性，使研究结果更加准确可靠，具有较高的学术价值。其三，研究成果具有较强的实践指导意义，提出的优化策略紧密结合实际情况，能够为城市规划者、决策者及相关领域的专业人士提供切实可行的参考依据，有助于推动城市适老化建设。

在社会不断发展进步的今天，如何让老年人更好地融入社会，享受安全、便捷、舒适的出行环境，是我们共同面临的重要任务。该书的出版恰逢其时，为解决这一问题提供了宝贵的理论支持和实践经验。相信它将成为城市地理、城市规划、交通规划领域研究人员的重要参考书籍，为城市规划和社会发展贡献智慧力量。希望《建成环境对老年人步行活动及安全的影响研究》一书给予同行理论研究人员和管理者新的启迪与帮助，能够引起社会各界对老年人出行问题的广泛关注，促使更多人共同努力，为老年人创造一个更加美好的未来。

2024 年 11 月

前　言

人口老龄化问题已逐渐成为世界性难题之一。中国已进入快速人口老龄化时期。根据国家统计局数据，2000年中国60岁及以上人口比例超过10%，标志着中国开始进入老龄化社会。步行是老年人日常生活中的重要活动，也是维持健康老龄化的重要手段。然而，老年行人是道路上极其脆弱的群体，步行活动中极易受到车辆碰撞。因此，在倡导健康老龄化、鼓励老年人出行的背景下，研究老年人的出行安全，尤其是步行安全问题，是现在和未来城市地理和交通安全科学领域不可缺少的紧迫任务。

现有关于老年人步行安全的研究还存在理论与方法的不足，如大多数研究将老年人步行安全事故频发的原因归于老年人法治观念、法律意识不强，老年人视力减退，体能及反应能力下降，步幅和步速明显下降，处理突发事件的能力较低等，很少考虑建成环境对老年人步行安全的影响，即使考虑也仅是交叉口对老年人步行安全的影响，较少从完整的建成环境角度和要素框架去分析老年人的步行安全问题，也缺乏将建成环境、老年人步行活动、老年人步行安全三者联系起来的研究。为保障老年人的步行安全、促进老年人步行和推进健康老龄化，开展建成环境影响老年人步行安全的研究极为必要。本书作者基于多源数据建立建成环境要素谱系，分析建成环境对老年行人活动的影响，揭示建成环境、老年人步行活动和老年人步行安全的响应机理，并提出老年人安全步行环境的规划策略。

我们希望，本书能推动为老年人创造更加安全的出行环境。

特别感谢国家自然科学基金（42071218）对本书的资助与支持。在研究过程中，北京大学冯长春教授、同济大学彭震伟教授给予了宝贵建议，中山大学许学强教授拨冗为本书作序，在此一并表示衷心的感谢。还要感谢参与课题研究和数据收集的团队成员，他们分别是唐弋、匡新辉、周书宏、李媛媛、王晨宇、梁行、杨钦智、李康琪、刘琪琪、李夏渝，您们的辛勤工作使得本书得以顺利完成。

　　本书在撰写过程中，由于作者水平有限，疏漏在所难免，恳请专家与读者批评指正。

作　者

2024 年 9 月

目　　录

第1章 | 绪 论

步行对老年人的身心健康和生命质量有积极作用。然而，老年行人往往又是最脆弱的道路使用者。本章论述了开展建成环境对老年人步行活动及安全影响研究的背景和意义，界定了相关概念，明确了研究内容和研究框架。

1.1 研究背景与意义

1.1.1 研究背景

（1）步行对推动积极老龄化具有重要意义

21 世纪以来，全球老龄化问题日益严峻，已成为世界性的难题之一。国际上通常用老年人口比重作为衡量人口老龄化的标准，当 60 岁及以上的人口占总人口比重达到 10% 或 65 岁及以上的人口占总人口的比重达到 7%，意味着某个国家或地区进入老龄化社会。世界各国老年人数量和占比呈上升趋势，《2022 年世界人口展望》显示，65 岁以上人口的增长速度超过 65 岁以下的人口群体。到2050 年，全球 65 岁及以上人口的比例预计将从 2022 年的 10% 升至 16%。中国在 2000 年进入老龄化社会，之后的 20 年老年人口比重增速明显加快，人口老龄化程度持续加深。《中华人民共和国 2023 年国民经济和社会发展统计公报》的数据显示，截至 2023 年底，全国 60 岁及以上老年人口数量达 29697 万人，占总人口的 21.1%；65 岁及以上老年人口数量达 21676 人以上，占总人口的 15.4%。预计在 2035 年左右，60 岁及以上老年人口将突破 4 亿，在总人口中的占比将超过 30%，进入重度老龄化阶段①。

---

① https://www.gov.cn/xinwen/2022-09-21/content_5710849.htm

健康老龄化是应对人口老龄化效益最好的途径。随着年龄的增加，老年人的生理机能不可避免地出现下降，机动车或非机动车驾驶能力减弱，活动空间日益缩小，日常活动范围主要集中在所居住社区及周边。步行被认为是老年人出行的主要方式，也是老年人主要的体力活动方式（吴轶辉，2017）。研究表明，步行活动对老年人生理及心理健康都有重要作用，能够降低高血压、糖尿病、冠心病、脑梗、抑郁症和某些癌症的风险，有助于老年人的身体健康和心理健康（陈春等，2017；陈春等，2018）。此外，步行活动对中枢神经系统的改善具有明显作用，能够显著降低认知障碍的发生率，提高身体免疫能力，从而增加老年人生活幸福感（Yaffe et al.，2001）。总之，步行活动对于健康老龄化具有明显的促进作用。

（2）老年行人是道路上的脆弱群体，遭遇交通事故受到的伤害更大

尽管步行活动对于健康老龄化具有突出的促进作用（Cheng et al.，2019），但随着年龄的增加，老年人的运动和认知能力逐步下降，老年行人亦是道路上极其脆弱的群体（Özen et al.，2017），在步行活动的过程中极易受到车辆与行人的碰撞。有学者对老年人伤害死因做出统计发现，交通事故是造成某市老年人伤害致死的第二大因素（韩颖颖等，2022）。伴随着我国老年人口的增加，道路交通事故造成老年人伤亡人数也呈上升趋势。据统计，"十三五"期间，老年人交通事故年均起数同比"十二五"上升163.2%，导致老年人年均死亡和受伤人数同比"十二五"分别上升62.5%和74.3%。此外，老年人在交通事故中致死率和致残率显著高于其他年龄群体（刘江鸿，2001）。欧洲的交通事故死亡人数统计，也验证了这一发现。图1-1显示了按年龄组划分的行人死亡人数占总死亡人数的百分比，老年人在交通事故中的死亡率明显高于其他年龄群体（Papadimitriou and Yannis，2011）。在希腊、意大利和法国，65岁以上老年人占行人死亡人数的一半以上（Romero-Ortuno et al.，2010）。因此，在倡导健康老龄化、鼓励老年人出行的背景下，研究老年人的出行安全尤其是步行安全问题，是现在和未来城市地理和交通安全科学领域不可缺少的紧迫任务。

（3）建成环境对老年人步行安全具有重要影响，但现有研究有所欠缺

现有对老年人交通安全事故发生率较其他人群更高的原因分析，往往归于老年人法治观念和法律意识不强、视力减退、体能及反应能力下降、步幅和步速明

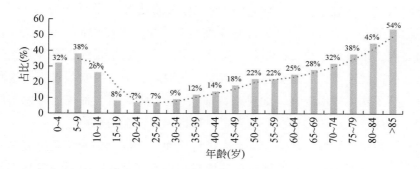

图 1-1　按年龄组划分的行人死亡人数占总死亡人数的百分比（Papadimitriou et al.，2011）

显下降、处理突发事件的能力较低等，而实际上密度、土地利用、道路设计等建成环境要素均对老年人步行安全产生影响，应基于建成环境要素对老年人出行安全的影响，优化建成环境，保障老年人的出行安全。另外，已有建成环境对老年行人交通安全影响的研究中，多是建成环境对老年行人交通事故严重程度或交通事故发生频率的直接关系的探究，然而老年人有其自身步行活动特征，不能忽视老年人步行活动特征来探讨建成环境对老年人步行安全的影响。

1.1.2　研究意义

第一，老年人出行安全已成为当今社会不可忽视的问题。传统上，道路系统主要是为车辆设计的，为年轻、健康的道路使用者而设计的，很少有专门针对老年弱势道路使用者的特殊需要和能力而设计的设施，很少考虑为老年行人提供安全和舒适的出行环境。而老年人一旦发生交通事故，被撞入院后易感染并发症，其死亡率和伤残率更高。因此，在当今老龄化加速的阶段，老年人的安全出行成为一个不可轻视的问题，为保障老年人的出行安全、促进老年人出行和推进健康老龄化，开展建成环境影响老年人出行安全尤其是步行安全的研究极为必要。

第二，建成环境作为影响步行安全的一个重要因素，目前对其的研究和优化还远远不够。步行出行的安全性受到由人、车、道路、环境、管理等要素构成的复杂动态系统的影响，"人""车"是主观可控变量，因此步行的安全性在很大程度上取决于道路、环境、管理三项客观要素（陆化普，2003；张殿业，2005）。目前关于行人出行安全的研究主要包括以下方面：一是人的特征和行为，包括驾驶人和行人的特征（年龄、性别、是否残疾等）及是否有不安全行为；二是车辆特征，包括车辆类型、行驶速度、车流量、高峰时间；三是道路特征，如道路类别、车道数、交叉口和公交车站的密度等；四是天气状况等自然环境和照明营造的可视环境；五是交通管理情况，如限速、交通控制装置等。这些因素里部分包括了建成环境因素（如道路特征），但未能全面、系统地考虑密度、土地利用、道路设计等诸多建成环境要素对步行出行安全的影响。

第三，尚未开展建成环境和老年人步行活动、步行安全的关系研究。老年人有其自身的步行活动特点，开展建成环境对其步行安全的影响须考虑其步行活动特点。因此，应从"建成环境–步行活动–步行安全"耦合的角度，基于建成环境要素探寻其对老年人步行活动的影响进而影响步行安全的规律，建立分析模型并推导得到计算公式，进一步优化建成环境，对已有设计理论和规范、规定进行完善补充，减少老年人步行出行的潜在交通风险，使建成环境更有利于老年人的步行安全，促进老年人的步行活动，从而推动健康老龄化。

综上，目前对老年人步行安全的影响因素考虑还不够全面，没有充分考虑"建成环境–步行活动–步行安全"相互耦合的关系，理论和方法也不尽完备合理，开展基于建成环境和步行活动的老年人步行安全研究极为必要。

1.2　概念界定

（1）建成环境

建成环境（built environment）指的是由人造的城市景观等构成的人类环境，与自然景观相对应的部分。建成环境要素体系经历了从"3D"到"7D"的过程。一是"3D"要素（Cervero et al.，1997），包括密度（density）、多样性（diversity）和设计（design）；二是"5D"要素，在"3D"要素的基础上增加了目的地可达性（destination accessibility）和公交临近度（distance to transit）从而扩展到"5D"（Ewing et al.，2001）。目前，"5D"要素体系已成为国内外建成环境量化分析的主要测度依据；三是"7D"要素，在"5D"的基础上加入"需求管理（demand management）"和"人口统计特征（demographics）"形成"7D"（Ewing et al.，2010），当然这两项指标并非直接刻画建成环境，仅与其存在密切联系。也有学者认为，建成环境可划分为土地利用模式、城市设计和交通系统三个部分（Handy et al.，2002），国内也有学者将建成环境分为土地利用、公交设施与道路系统三个维度（张煊等，2018）。虽然建成环境要素从"3D"发展到"7D"，但仍然没有形成系统完整的体系，关于建成环境每项要素所包含的指标没有统一的标准。

当前，建成环境研究已经在交通领域得到了较为广泛的运用，利用 Web of science 平台以"built environment"与"transportation"为主题词进行搜索，共计检索出 2675 条出版物（图 1-2），包含上百个学科类别，在文献数量较高的 *Transportation Science Technology*、*Environmental Science* 中，关于建成环境与交通行为关系的研究具有极高的代表性。

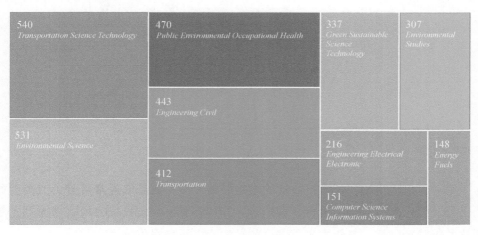

图 1-2　"建成环境+交通"基于 Web of science 检索情况

（2）老年人

根据世界卫生组织的定义，老年人指 65 岁及以上人群。但在我国，老年人一般是指年龄在 60 周岁及以上的人口，进一步按年龄可划分为低龄老年人、中龄老年人和高龄老年人（吴忠观，1997）；按行动能力可划分为能力完好、轻度失能、中度失能和重度失能，其中能力完好或轻度失能老年人能够独立完成大部分日常活动，能够独立外出活动。随着年龄的增长，老年人的生理机能明显下降，视力和听力等感知能力衰退，反应迟钝，发现周围环境危险的能力下降，在道路环境中极易受到交通事故的伤害。本书所述的老年人指的是 60 周岁及以上，能力完好或轻度失能人群。

（3）步行活动

步行活动的概念源自主动式出行，是一种具有健康效益的出行方式。有学者认为步行活动是采用步行的出行方式完成某一出行目的或需求的空间位移过程（雷经，2015）。参照此定义，本书将老年人步行活动定义为：老年人从住所出发，通过步行到达目的地的空间位移过程（图1-3）。相关研究中，通常用以下三个方面描述步行出行行为：出行目的、出行频率、出行时间。

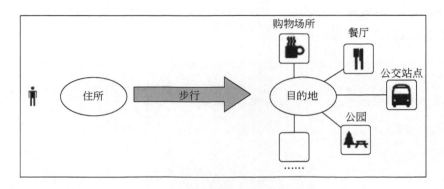

图1-3　老年人步行活动界定示意图

第一，出行目的，指出行活动的发生原因。按生活需求通常可分为三类：通勤出行、娱乐出行、生活出行（曹阳等，2019；Wang et al., 2011）。考虑到老年群体的年龄特殊性，老年人主要进行的是生活出行和娱乐出行。

第二，出行时间，指居民完成一次出行所花费的时间。本书所调查的步行时间指老年人日均步行时间，由于采用问卷的方式获取数据，因此难以获得精确的时间。

第三，出行频率，表示居民出行的频繁程度，在一定程度上能够反映居民出行的态度和意愿强度（王园园，2019）。本书在对建成环境对老年人步行活动的研究中选取问卷调查获取的老年人步行出行频次来代表老年人步行活动。而在"建成环境–步行活动–步行安全"的探讨中，由于扩大了研究区域，问卷数据无法完全覆盖，采用了手机信令数据来提取老年人每天人均步行频次数据。

（4）步行安全

步行安全指步行活动中不会受到伤害或危险的状态，不仅包括行人与机动车辆、自行车辆之间的交通安全，还包括行人在行走过程中的安全，如行人与行人之间的碰撞、滑倒等情况。本书主要探究老年人步行活动中交通安全，在现有关于交通安全的研究中，主要包括交通事故频率和交通事故的严重程度（谢波等，2022）。交通事故频率表示区域内交通事故发生次数；交通事故严重程度则表示事故的程度，一般按照事故造成的经济损失与伤亡程度划分。本书中的步行安全以老年人–车碰撞交通事故频率来衡量。

1.3　研究内容和框架

1.3.1　研究内容

本书以重庆市渝中区为例，探索建成环境对老年人步行活动及步行安全的影响，主要研究内容包括以下四部分。

（1）建成环境与老年人步行活动及安全的数据获取与特征分析

利用问卷获取渝中区老年人步行活动数据，并对渝中区老年人步行活动数据从年龄、性别、出行目的三个方面进行特征描述；基于"5Ds"要素指标，搭建建成环境指标体系，对研究区建成环境进行要素可视化表达并简要描述；对所获取的老年人交通事故数据从事故主体、自然环境、时空分布等方面进行特征分析。

（2）建成环境对老年人步行活动的影响模型构建与分析

根据渝中区老年人步行活动调查问卷的非集计属性，提出梯度提升回归树模型，并分析模型与老年人步行活动研究的适用性。将老年人个人经济属性作为内在影响因素，住区建成环境要素作为外部因素，通过 GBRT 模型揭示建成环境与步行活动之间的联系。利用模型的可解释性分析建成环境要素对老年人步行活动影响的重要程度，解析步行活动与影响要素之间的非线性关系及阈值效应。

（3）建成环境对老年人步行安全的影响模型构建与分析

根据获取的渝中区老年人交通事故的集计属性，提出中介效应模型，并分析模型与老年人步行安全研究的适用性，参照"5Ds"建成环境要素，从土地利用、设施临近性、社会经济、道路设施四个维度刻画住区建成环境，以老年人交通事故作为因变量，步行活动作为中介变量，通过依次检验、Bootstrap 中介效应检验，解释老年人步行活动在建成环境与老年人交通事故之间的中介效应。

（4）构建老年友好步行环境规划策略

基于建成环境对老年人步行活动及老年人步行安全的影响分析结果，分别从土地利用、设施临近性、道路设施三个方面提出建成环境优化策略，以构建老年人步行友好环境。

1.3.2 研究框架

在国内外已有相关研究的基础上，构建建成环境要素谱系，提取建成环境变量，解析建成环境对老年人步行活动和步行安全的影响，并提出基于老年人步行活动及安全的建成环境优化策略（图1-4）。

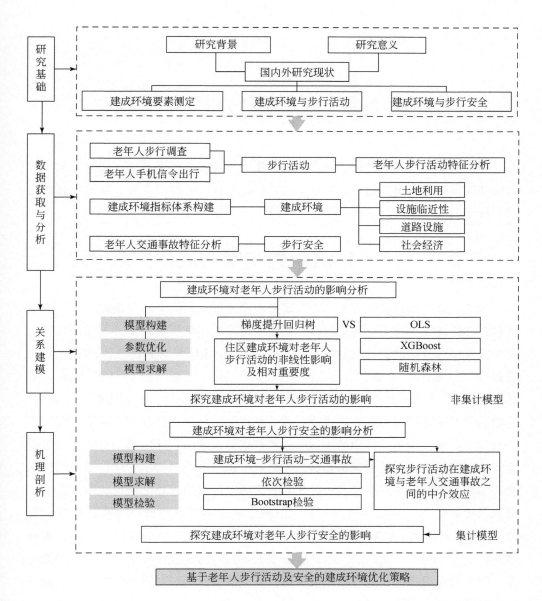

图 1-4　本书研究框架

第 2 章 | 国内外研究现状

本章对国内外文献进行了回顾，包括建成环境要素测定方法、建成环境对步行活动的影响、建成环境对步行安全的影响以及相关的模型方法，并对已有研究进行评述。

2.1 建成环境要素测定方法研究现状

在建成环境指标量化方面，现有研究主要通过定性测定和定量测量两种方法获得。在定性测定方面，多采用特尔斐法探讨建成环境要素特征，再按属性进行划分并提出可操作的指标（Pikora et al., 2003），让居民对自己熟悉的社区和街道进行打分和评价（谭少华和李英侠，2014；钱大琳等，2012；黄建中和胡刚钰，2016）。该方法由人主观判断决定，其准确性有待商榷。相比定性测定方法，定量测量方法能够更客观地对建成环境进行刻画。目前，建成环境的定量测定方法有以下三种：一是感知测量法。通过调查获得，如调查社区居民对建成环境的感知，但感知测量会受到被调查居民的影响，每个人的感知不一样，得出结论也会有偏差。二是 GIS 数据提取法。从 GIS 底图中提取建成环境信息，该方法对于较大尺度是可行的，如提取道路等，但提取不出详细的建成环境特征信息。另外，GIS 底图也无法提取建筑空间是否混乱、人行基础设施的状况和环境是否美观等信息。三是观测记录法。由训练有素的观察员对建成环境进行系统的观测记录。但这种调查只能局限在较小范围内，当调查较远地区尤其是跨越了不同城市时，这种方法研究难度很大。

2.2 建成环境对步行活动的影响研究

2.2.1 客观建成环境对步行活动的影响

建成环境影响老年人步行活动的研究，主要从两个方面开展：一方面是使用建成环境的客观因素来探索建成环境与步行活动之间的关系；另一方面是使用感知测量的建成环境与步行活动之间的关系，认为建成环境能够在一定程度上影响居民感知，进而影响居民出行。

（1）密度对步行活动的影响

Cervero（1997）和 Ewing（2010）在对建成环境影响出行行为的研究进行文献整理分析时发现，步行与土地利用多样性、就业和交通接近度以及交叉口密度等建成环境密切相关。而这一关系对于老年人来说，更加显著，这是由于步行是老年人主要的出行与休闲方式（Nelson et al.，2007）。研究大都认为密度与步行活动频率呈现正向相关。如 Li 等（2005）发现就业密度和家庭密度与步行活动显著相关；Berke 等（2007）在对华盛顿州金县老年人的步行与肥胖的研究中得出类似结论，住宅密度与步行活动频率显著相关；交叉口密度以单位面积内交叉口数量表征，数值越高，意味着居民可选择的出行路线越多，越有助于改善中高强度体力活动（沈晶等，2019）。总体而言，关于密度与老年人出行的研究，主要探讨了人口密度、居住密度、公共服务设施密度等，研究表明其对老年人出行活动均有影响。

A. 人口密度

冯建喜等（2015）基于 2012 年南京市居民出行调查的数据发现，高人口密度的城市，老年人的日常出行频率也显著增加，但其每日出行的时间和距离反而有所下降。姜佳怡等（2020）利用手机信令数据分析老年群体前往上海社区公园的时空行为特征，研究发现居住人口密度、老年人口密度和出行距离是影响老年人前往社区公园进行活动的三个重要因素。

B. 居住密度

吴轶辉（2017）基于社会生态学模型分析个人行为与外在环境因素之间的关

联，探究建成环境对老年人日常休闲性体力活动的影响，研究发现老年人的休闲性体力活动活动与居住密度存在明显的相关性。

C. 公共服务设施密度

公共服务设施密度对老年人的出行影响较大。一个城市的公共服务设施能够反映城市精细化管理的水平，也是城市居民幸福感和获得感的重要来源，特别是对于需要适老性服务的老年人。陈泳等（2021）基于大量已退休老年人为对象的调查问卷，以上海市 21 个生活街区为研究范围，分析街区建成环境对于老年人休闲和购物步行的影响，发现在建成环境客观因素中，人行道平均宽度、公园出入口密度是影响老年人休闲步行频率的关键建成环境要素。

（2）土地利用对步行活动的影响

土地混合利用是指在区域内将不同性质的土地用途进行组合，提高单位面积内用地类型数量，并通过空间组织来缩短目的地之间的距离，可增加步行活动的便捷性。土地利用混合度高的区域，能够满足老年人日常生活中进行各项活动的需求，提高老年人在社区中的出行频率，增加老年人步行出行的活动量（Sung et al.，2015；Shigematsu et al.，2009）。土地混合利用的衡量指标很多，包括商业用地比例、非居住用地与居住用地比例、不同功能设施的密度、土地利用混合度等。与居住在单一用地的老年人相比，混合用途或商业区的老年人倾向于花更多的时间步行，这表示土地利用混合有助于提高老年人步行活动频率（Satariano et al.，2010）。冯建喜等（2015）研究发现，混合用地及紧凑的发展模式有利于促进老年人出行，而且距离交通基础设施越近，老年人的出行越活跃。这是因为紧凑的街区空间和土地的集约化能够促使老年人可以在较短的步行距离内完成大多数出行需求。陈泳等（2021）研究发现，社区活动室、公园、菜场、教育设施及公共交通站点的混合配置，有助于增加老年人步行出行次数与时长。

当然，也有不一样的结论。如 Hall 和 McAuley（2010）在对 128 名老年女性的研究中得出每天步行超过 10000 步的老年女性与步行少于 10000 步的老年女性在土地利用组合或土地利用多样性方面没有显著差异。

（3）道路设计对步行活动的影响

道路设计对步行活动的影响研究可以从安全性与舒适性两个方面来开展。从安全性来讲，道路设计要素对老年人步行行为具有重要影响，Shin 等（2011）

发现，道路密度、交叉口密度、路段节点比等道路设计因素会影响老年人步行出行，在 500m 的范围内，交叉口密度的影响尤为显著。此外，老年步行者对于机动车道等交通环境较为敏感，道路车道数、交通流量及汽车车速等交通环境会影响老年人出行的安全感知，进而妨碍老年人出行，也就是说，如果营造一个让老年人感到出行安全的道路环境，就能够促进老年人的出行（汪益纯等，2010）。从步行舒适性来讲，人行道是老年人步行活动发生的主要场所，老年人由于体力下降，在狭窄、拥挤的人行道上，容易跌倒，因此，人行道平均宽度是影响老年人休闲步行频率的关键环境变量。在人行道舒适的无障碍社区，老年人可以自由散步或快步健走，老年人有着更高的步行频率（陈泳等，2021）。通过改善道路的遮荫情况与增加有效人行道宽度能够促进老年人出行（刘珺等，2017）。

（4）目的地可达性对步行活动的影响

目的地可达性反映了从住所到达娱乐、服务以及交通站点等目的地的便利程度。步行是老年人体力活动的主要方式，与多种类型的目的地及公共交通站点的可达性相关（Moniruzzaman et al.，2015）。Cerin（2012）在研究建成环境对老年人休闲步行中发现，中国香港老年人的休闲性步行水平是西方老年人的 2～4 倍。其中商场等场所的可达性、街道连通性以及良好的步行设施具有重要的调节作用。这些要素对老年人步行影响还存在性别差异，如男性老年人休闲性体力活动主要受到物理环境的影响，而女性老年人主要受到社会环境的调节，例如，靠近商店、学校、文化场所以及社会交互场所有利于提高女性老年人的身体活动水平（Ribeiro et al.，2013）。

（5）公共交通可达性对步行活动的影响

公共交通系统的完善和便捷性可以影响老年人的步行活动意愿。老年人可能会在距离较远或气候不佳时选择公共交通代替步行。因此，公共交通可达性影响老年人的出行选择，直接影响其步行活动的频率和范围（Saelens et al.，2003；Pramitasari et al.，2015）。Moran 等（2018）得出结论，老年人相对于其他年龄段的人群更容易受到天气变化、道路交通等外部环境的影响，对公共交通系统的舒适性和安全性有更高的要求。如果公共交通环境舒适、安全且方便，老年人在选择出行方式时可能更倾向于选择公共交通，且老年人通常步行到公共交通站点。

2.2.2　感知建成环境对老年人步行活动的影响研究

感知是出行者在步行活动过程中所产生的心理反应，能够影响出行者的出行特征。Sallis 等（1998）将感知环境归纳为可达性、便捷性、舒适性、观赏性和安全性五个方面，为后续感知环境的研究奠定了基础。考虑到老年人的特征，主要从可达性、舒适性和安全性三个方面进行综述。

（1）可达性

可达性主要通过感知正向作用于老年人，老年人更愿意选择他们感知可达性更高的区域出行。岳亚飞等（2022）以大连市为例，融合多源异构时空数据，利用结构方程模型，从建成环境的客观和感知视角检验对老年人心理健康的对比作用及内在影响机制，研究发现，对于超市、银行、餐饮和美发等老年人日常使用频率较高的服务设施，其可达性能够通过感知的中介效用正向作用于老年人心理健康，较高的可达性使得老年人外出购物等活动有更好的体验感知。杜孟鸽等（2021）发现，公园绿地的可达性是影响老年人身心健康的最主要因素。

（2）舒适性

舒适性意味着老年人能够轻松、愉悦地在街道上步行，同时还能随心所欲地在街上停留。对于老年人而言，舒适的步行遮荫区域、充足的休息设施、足够的行走空间、安静平和的环境等都影响着街道上的步行感知。当步行活动处于宽敞、舒适的人行道时，老年人更愿意自由散步或快步健走，并减少与其他行人或障碍物相撞的可能性。刘珺等（2017）构建老年人休闲步行环境评价指标体系，发现改善道路的遮荫情况与增加有效人行道宽度能够促进老年人出行，也就是说，街道的舒适性能够影响老年人的感知，进而影响老年人出行。因此，需要合理布局道路交通设计，提升道路舒适感，满足老年人对道路环境的出行需求，进而促进老年人出行。

（3）安全性

建成环境方面的安全感主要包括社会安全感和交通安全感（Cerin et al.，2013）。一方面，街道附近如曾发生过犯罪案件，会使行人感到恐惧，从而减少出行；另一方面，交通安全感知是出行行为的重要影响因素，会影响行人的出行选择及出行路线等。Gómez 等（2010）选择了 50 个社区，对 1966 名年龄大于 60 岁的参与者进行调查，发现老年人交通安全感越高，从事体力活动的时间可能越长，且具有较大的出行量。姜玉培等（2020）根据南京市居民身体活动调查数据，探究建成环境对老年人日常步行活动的影响，发现在 1000m 步行活动空间范围内，安全感知能够促进老年人的日常步行出行。不安全的交通感知可能会导致出行的不活跃，如交叉口数量与老年人的交通安全感知存在一定的联系，从而影响其出行行为（Foster et al.，2008）。

2.2.3 建成环境影响步行活动的模型

在探究建成环境与步行活动之间关系的文献中，存在两种研究方法：集计分析和非集计分析。集计分析是以交通小区为分析单元，从路网或社区等层面分析居民步行活动；而非集计分析则以个人或家庭为分析单元，以居民活动出行问卷调查为基础。集计分析虽然能显示建成环境与步行活动之间的相关性，但忽略了个体差异性，缺乏足够的理论解释；非集计分析弥补了这一不足。因此，在建成环境与步行活动的研究中，更多的是从非集计的角度出发。其中，线性回归模型使用的频率较高，包括一元和多元线性回归模型。而当变量为离散型变量时，普通线性回归不再适用，通常采用 Logit 模型或 Probit 模型等离散模型。然而，也有人认为建成环境对居民步行活动的影响并非直接作用，而是通过心理因素间接影响出行活动。此时，线性回归模型不能很好地解释这种影响路径，结构方程模型（structure equation model，SEM）开始用于探究建成环境对居民步行活动影响的研究中，结构方程模型可以区分模型中的直接因素和间接因素的影响。表 2-1 对建成环境与步行活动关系的研究进行简要概括。这些研究大多是基于线性假设，运用的方法多是传统计量模型，很难揭示建成环境与老年人步行活动的非线性的复杂关系，以及二者可能存在的"阈值效应"。

随着大数据的发展，越来越多的智能算法用于探索步行活动，如随机森林（random forest，RF）、极限梯度提升回归树（extrain gradient boosted decision tree，XGBoost）、梯度提升决策树（gradient boosted decision tree，GBDT）等，能够较准确地识别空间属性的相对重要度并确定各个因素有效的阈值范围。

表 2-1 建成环境与步行活动的关系研究文献概述

参考文献	考虑因素	主要结论	应用模型
Sun et al.，2014	建筑密度、人口密度、公共交通站点密度	建筑密度、人口密度、公共交通站点密度的增加促进步行	线性回归
Bahrainy et al.，2013	土地利用混合度、工作设施密度、生活设施密度、人口密度、交叉口密度、公共交通站点密度	土地利用混合度是非通勤出行的重要影响因素	线性回归
Yang et al.，2019	人口密度、土地利用混合度、购物设施数量、休闲娱乐设施数量、到地铁站点距离、街道绿化率	街道绿化率与老年人步行的概率和总步行时间正相关	线性回归
Kim et al.，2007	到公交站点距离、土地利用混合度、商业用地比例、工业用地比例、公共交通可达性	公共交通可达性对于步行出行具有显著正向影响	Logit 模型
Ye et al.，2016	到公园距离、到市中心距离、火车站、绿地与广场用地比例、商业用地比例、交叉口数量、公共交通站点密度、被访者社会经济特征	出行者对建成环境的感知直接影响出行方式选择，而建成环境影响通勤特征产生间接影响	结构方程模型
Cheng et al.，2020	人口密度、土地利用混合度、公共交通站点数、共享单车数量、到最近公园/广场距离、到最近棋牌室距离、被访者社会经济特征	建成环境对老年人步行时间的影响呈现显著的非线性和阈值效应	随机森林
Liu et al.，2021	到市中心距离、土地利用混合度、就业密度、交叉口密度、公交站点密度、被访者社会经济特征	建成环境对购物主动出行的影响大于通勤，所选变量对两种类型的主动出行都有非线性或阈值影响	极限梯度提升回归树
Wali et al.，2021	住宅密度、公共交通站点数量、交叉口密度、就业熵指数	建成环境对居民步行出行呈现显著阈值效应	广义加法模型

2.3 建成环境对行人安全的研究

2.3.1 建成环境影响行人安全的理论框架

人、车、路、环境和管理构成了复杂的交通系统，也是影响交通安全的主要因素。行人交通事故的主要决定因素是车流量和行人流量（Lee et al., 2005；Miranda-Moreno et al., 2011；Wier et al., 2009）。Ewing 和 Dumbaugh（2009）提出了建成环境与行人交通事故的理论框架（图2-1），在这个框架中，交通流量、交通冲突和交通速度起着中介作用，发展模式和道路设计等建成环境要素通过影响交通流量、交通冲突、交通速度来影响交通事故发生频率和交通事故严重程度。

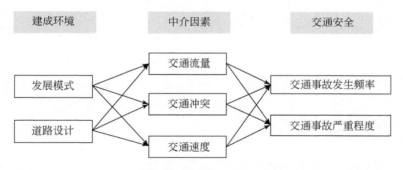

图 2-1 城市建成环境与交通事故关系的理论框架

（Ewing and Dumbaugh, 2009）

Ukkusuri 等（2012）则认为，土地利用模式、道路设施、人口特征等建成环境影响了风险暴露，进而影响行人安全（图2-2）。在这个框架中，行人活动被认为是风险暴露的一个方面，与交通流量、速度共同作为中介变量。交通事故实质是"人–车–路–环境"各子系统之间的协调失衡，而人是系统中唯一的主观要素，其交通出行活动恰是决定道路系统能否安全运行的关键所在，对交通事故的数量、类型和空间分布产生重要的影响（滕敏，2018）。Harvey 等（2015）和 Gårder 等（2004）也认为城市环境可作为群体出行的宏观发生器，通过影响人的出行活动来对城市交通系统产生作用，进而间接影响交通事故的发生率与严重程度，因此出行活动在建成环境与交通事故的关系中起着重要的连接作用。在实证方面，Harwood 等（2008）研究了人车碰撞事故与行人活动（一段时间内的行人数量）之间的关系，结果表明，行人活动与碰撞频率之间存在显著的正相关关系。在不同类型的交叉路口，行人活动与碰撞频率之间存在统计学上显著的正相关关系（Lyon and Persaud，2002）。Miranda-Moreno 等（2011）利用双方程模型对城市信号交叉口的建成环境与交通事故的研究发现，建成环境与行人活动存在较强的相关性，而对人车碰撞的频率的直接影响很小，这表明建成环境可能通过影响行人活动来影响交通事故的发生。

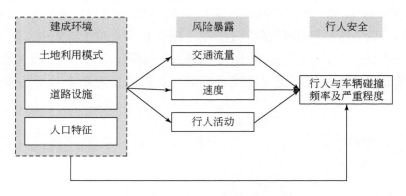

图 2-2　建成环境与行人安全关系理论框架

（Ukkusuri et al.，2012）

2.3.2　影响交通安全的建成环境要素

在建成环境影响行人安全的研究中，各项建成环境要素也还没有统一的体系，根据现有文献大致可以将影响出行安全的建成环境要素分为五类，包括城市发展模式、密度、土地利用、道路环境，以及具有交通管理内涵的建成环境标识（图 2-3）。

（1）城市发展模式

为了满足城市发展的需要，城市建成区不断扩张甚至蔓延，机动化程度不断提高。建成环境在一定程度上代表了城市发展模式，反映了特定区域的紧凑和蔓延程度（Hamidi et al.，2015）。有多项关于交通安全的研究发现，城市蔓延程度

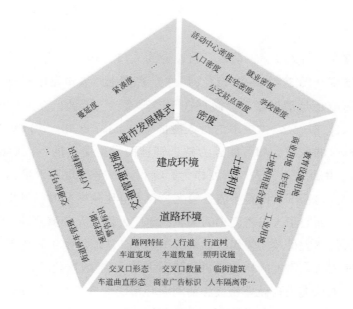

图 2-3　建成环境影响行人安全的指标分类

与交通事故呈正相关关系（NHTSA，2011）。城市蔓延（urban sprawl）的主要特点是：缺乏市中心、城镇中心等明显的活动中心；低密度住宅，分布广泛的人口；住宅区、商业中心等具有明显的间隔；形成了覆盖面广、交通不便的道路网。为了研究城市蔓延与交通事故发生频率的联系，Ewing 等（2003）开发了一套紧凑–蔓延指数（compactness- sprawl indexes）来描述城市的蔓延程度，即紧凑–蔓延指数数值越高，城市越紧凑。研究发现，城市紧凑–蔓延指数与行人出行安全呈正相关关系。在此基础上，另一项研究发现紧凑–蔓延指数每提高1%，交通事故死亡总人数就会减少1.49%，而行人的死亡率下降了1.47%（Ewing et al.，2003）。紧凑型城市比低密度地区的出行安全性高的原因在于紧凑的城市车速较慢且驾驶员的注意力更为集中（Dumbaugh et al.，2009）。城市蔓延增加了车辆行驶里程而导致了事故的发生。通常情况下，随着城市的蔓延，住在较为偏远地区的人群开车出行较为频繁，引发交通事故的概率更高，进而影响行人的出行安全。并且，车辆行驶里程数越大，驾驶员加快行车速度以及疲劳驾驶，发生人–车碰撞的可能性越大。也有学者通过将车辆里程数作为间接因素，而将城市蔓延作为直接因素，设计出两条路径来研究两者的重要性，发现城市蔓延与交通安全之间的直接关系更为明显（Yeo et al.，2015）。

（2）密度

关于密度对于行人安全的研究，可以分为人口（居住）密度、经济（就业）密度和设施密度（图2-4）。在人口（居住）密度上，人口密度对行人出行安全究竟是积极影响还是消极影响，尚存在不同观点：一方面，在人口密度大的区域，人流量大，往往会发生更多的行人碰撞（Moudon et al., 2011）；另一方面，在人口过度稀疏的区域，却可能因为缺乏管理而发生更多的行人碰撞（Graham et al., 2003）。由此可见，人口密度作为影响行人安全的重要因素，其作用力处于两个极端：人口密度大即是人流量较大，在人群比较密集时，发生轻微交通事故的概率较大；而对于人口密度小的区域，地广人稀，大多道路缺乏管理，并且人少的地方会使驾驶员放松警惕，加快行车速度，从而易发生较为严重的交通事故。因此，实现人口密度的均衡是减少交通事故发生的重要手段。在经济（就业）密度上，有研究发现就业密度和活动中心密度均与行人出行安全问题呈正相关关系（Ding et al., 2018）。在经济密度较高的区域，具有超高的吸引力，从而吸引大量的行人和车辆，导致高人流量和高车流量，引发更多的出行安全问题。设施密度主要是指教育设施、公交站点等设施的密度。有研究表明，教育设施和

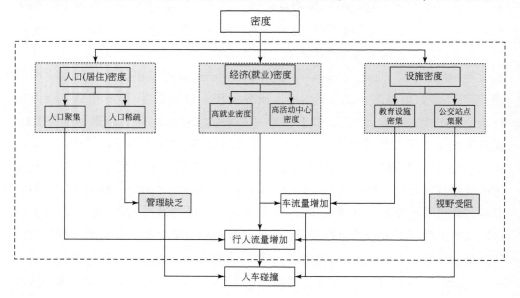

图2-4　密度影响行人出行安全示意图

行人碰撞呈正相关关系（Agran et al.，1996），如学校密度与青少年的出行事故呈正相关关系（Ukkusuri et al.，2011；Narayanamoorthy et al.，2013），但家距离学校近的区域与青少年出行事故负相关（Wang et al.，2013），也就是说学校周围是人–车事故发生的高发地段，但如果学校与家的距离更近，发生青少年交通事故的情况会相应减少。公交站点的密度对行人的出行安全也有显著的影响（Miranda-Moreno et al.，2011），公交站点与出行安全的关联主要在于，公交车在站点停留时容易遮挡行人的视野，导致行人在横过马路时对道路上的危险判断受到阻碍，因此引发了更多的行人安全问题。

（3）土地利用

土地利用混合度是利用各类用地的占地面积和组合情况来衡量的。关于土地利用混合度对行人出行安全的影响，不同学者得出了不同的研究结论。Chen 等（2016）研究发现，土地利用混合度与行人出行过程中发生交通碰撞呈正相关关系，即土地利用混合度越高，发生碰撞的概率越高；而 Wang 等（2013）则发现，土地利用混合度越高，发生人–车碰撞事故的概率越低。土地利用混合度体现了道路的主要属性，针对不同地区不同人群的需求，土地利用混合度的高低对人流、车流的聚集影响程度不同，从而导致土地利用混合度在行人出行安全的影响研究中产生了不同的研究结果。

商业、工业、住宅用地等不同类型用地的规模也会对行人的出行安全产生影响，并且产生不同的研究结果：在商业用地的研究中，有研究表明大卖场、商场等形成了人群的吸引中心，与行人碰撞率正相关（Narayanamoorthy et al.，2013；Miranda-Moreno et al.，2011），也有研究表明，商业用地与出行安全呈非线性关系，当商业用地占比超出 8% 时，与出行安全呈负相关关系（Ukkusuri et al.，2012）。这是由于商业用地是为满足人群的需求而设，商业用地的分布影响行人过街需求以及人群聚集，在大多数情况下，商业用地的增加会使更多的交通事故发生，但当大量的商业用地集聚形成商业街或大型商场时，交通事故会因交通管制严格而更少发生。在工业用地的研究中，有研究发现工业用地的规模与行人碰撞频率之间呈负相关关系（Miranda-Moreno et al.，2011；Chen et al.，2016），也有研究发现了相反的结果（Ukkusuri et al.，2012）。究其原因是大型工业用地带来了更多大货车的出现，在施工过程中，对工地的管理比较松散，而大型货车本身的构造容易使司机视野受限，因此容易发生交通事故。但这与工程的大小以及工程类型有关，大型工程往往因更多的材料运输需求，更容易增加交通事故的风险。在住宅用地的研究中，有研究发现，住宅用地与行人的出行安全呈负相关关系（Ukkusuri et al.，2012），而住宅单元的数量与行人的出行安全呈正相关关系（Siddiqui et al.，2012），除此之外，Agran（1996）研究发现，居住在高密度住宅区的儿童交通事故伤害率是低密度住宅区的 3 倍（Ukkusuri et al.，2012）。就住宅用地而言，作为人们出行的起点，住宅用地的占比决定了该区域的人流量大小，从而对行人出行安全产生影响。除此之外，教育设施用地也和行人碰撞呈正相关关系（Loukaitou-Sideris et al.，2007）。随着国外研究的热度升高，国内学者也开始从土地利用要素入手，研究土地利用要素对行人出行安全的影响。丁薇等（2017）将交通小区作为分析单元，研究了加利福尼亚州洛杉矶县的用地组合形态对交通安全的影响，发现社区服务型用地对交通安全的影响更为显著。王雪松等（2017）基于交通小区分析了路网形态和土地利用类型对交通安全的影响，发现商业用地、居住用地、沿线接入口密度以及信控交叉口密度对交通安全的影响较为显著。谢波等（2020）以武汉市为研究区域，利用负二项模型检验了城市用地对交通安全的影响，发现住宅用地、商业用地以及商住混用地比例较高将会构成更大的出行安全风险。

（4）道路环境

A. 行人基础设施

行人基础设施是实现人车分离的主要依托，也是构建行人友好型道路的基础，主要涉及人行道、安全岛、安全护栏、照明设施等要素。Retting 等（2003）研究发现，行人与道路的隔离以及提高行人能见度的设施，可以显著降低行人与车辆碰撞的发生率。无论是从行人的角度还是从司机的角度来看，通过隔离设施将车辆和行人隔离开来，会增强行人对危险的识别以及司机对行人的辨别，且能够最大限度降低行人为图便利不走行人过街设施、横穿马路造成伤害的可能。总的来说，行人与道路之间隔离设施的增加会相应地减少交通事故的发生。然而人车分离并不能完全解决行人安全问题，能见度对行人的伤亡有着更高程度的影响。在这个方面有学者通过分析人行横道、道路和人行道之间的缓冲区和街道照明设施等要素与行人出行安全的关系，发现天黑时的交通照明不足、道路和人行道之间缺乏缓冲区等均与行人的出行安全有显著关系（Hanson et al.，2013）。交通照明对行人出行安全的影响主要发生在夜间，较弱的能见度是引起行人出行安全的最大风险，尤其是对视力下降的老年人。美国死亡分析报告系统（FARS）通过数据分析发现，在其他因素不变的情况下，行人发生碰撞死亡的人数随着照明度的降低而增加（Sullivan et al., 2002）。在天黑后的第一个小时常常会频繁发生行人碰撞，因为此时的人流量较大，会有大量的行人过街活动，而且在此时发生的行人碰撞事件更为致命（Griswold et al., 2011），道路照明则能够在很大程度上提高行人出行的安全性。Isola 等（2019）增加了安全岛要素来评估建成环境与行人出行安全的关系，发现通过合理设置安全岛、高能见度的人行道等人行基础设施能够增加行人的出行安全。在此基础上还应注意到，基于行人基础设施而设置的行道树、商业标志以及人行道与道路之间的绿化带（Congiu et al., 2019），虽然有助于改善道路景观，但会影响行人与驾驶员的能见度或分散注意力，导致驾驶员在面对突如其来的行人时来不及做出反应，从而引发碰撞。

B. 道路设计

道路设计主要通过影响行车速度和交通量来影响行人出行安全，包括道路的几何设计和路网设计。道路的几何设计是指道路的宽、窄、曲、直等几何形态，适宜、合理的设计既能够保证驾驶员的安全，同时也能够确保行人的安全。早期的规划认为更宽、更直、更平坦的道路可以减少驾驶员在行驶途中的错误，通过拓宽和拉直道路延长了视线距离，使驾驶员更容易识别和应对道路右侧的危险，从而减少事故的发生率。当时的研究认为，为了高速而设计的州际公路系统通常比其他道路等级的碰撞率要低（Dumbaugh et al., 2005），高速公路的宽度和道路曲线的平缓改善了农村地区的公路安全，尤其是双车道农村公路。但后来有研究表明，更宽更直的道路容易使驾驶员行车速度加快，加大人-车碰撞的风险。即使控制了交通量，道路加宽也是以牺牲安全为代价的（Zegeer et al., 1995），缩窄车道反而能减少行人交通事故。例如，Swift 等（2006）通过研究多个行人碰撞事故的建成环境影响特征发现，街道宽度和碰撞率的相关性最高，最安全的街道反而是狭窄的和通行缓慢的。Ukkusuri 等（2011）也调查了车道宽度和车道数量等要素，发现两者的增加都与行人伤亡增多有关。根据目前在道路几何设计对行人安全影响方面的研究可以看出，道路的宽窄（包括道路数量）、曲折程度可影响车辆行驶速度，进而影响行人出行安全。

从行人安全的角度考虑，路网设计中的路网模式、交叉口形态、交叉口密度等都是十分重要的因素。从路网模式来看，Guo 等（2017）利用贝叶斯空间建模研究了路网模式对交通安全的影响，发现与不规则街道布局相比，规则网络模式是最不安全的，因其有更加明显的集中点和连接性，发生行人碰撞的概率更大。从交叉口的形态来看，四向交叉口和三向交叉口的密度对行人的碰撞有正相关关系（Zegeer et al.，1995），且三向的交叉口相对四向的交叉口发生交通事故要少（Marks，1957）。究其原因是四向交叉口有着比三向交叉口更加复杂的道路形态，行人的方向和车行的方向均更为复杂，因此会造成更多的人车碰撞事故。环形交叉口最初被认为是老式交通圈的代表，但随着现代交通的发展出现了现代环形交叉口，现代环形交叉口通过交叉口的曲率来降低速度、减少碰撞，尤其是直角和左转正面碰撞。环形交叉口比其他交叉口发生碰撞的频率更低，Persaud 等（2002）通过研究发现，将交叉口转化为环形交叉口后，发生交通事故的频率降低了39%，而涉及行人伤亡的车祸减少了76%。因为在环形交叉口，车辆围绕环形中心进行旋转，减少了冲突点，从而减少了碰撞。从交叉口密度来看，有学者发现高密度交叉口有更高的行人碰撞发生概率（Hadayeghi et al.，2006），但也有研究发现交叉口密度越高碰撞率越低（Ladrón Guevara et al.，2004），原因在于驾驶员在经过道路节点时会更加集中自己的注意力，在交叉口发生交通事故的概率会随之降低（Griswold et al.，2011），而当区域交通管理较为宽松时，驾驶员会放松警惕，可能会产生相反的结果。由此可见，交叉口密度对出行安全的影响在不同地区会产生不同的研究结果，还需更多的实证研究。

（5）交通管理设施

交通管理设施包括限速标识、禁止违规停车标识、信号灯等，一方面通过约束行人和车辆来控制交通流量和交通速度，另一方面通过对街边停车等进行管制来提高行人和车辆之间的能见度，进而影响行人的出行安全。对车辆的约束一般采用速度限制标识来实现。这是因为速度是行人交通伤害的一个关键因素，速度管理是降低行人交通风险的有效措施。在涉及人的机动车碰撞中，车速与伤害严重程度和死亡率有明显关系（Zhao et al.，2010；Zegeer et al.，2012）。要减少速度所产生的行人碰撞，除了前文提到的缩窄道路外，还可以通过设置速度控制标识/警告标识等来限制车辆速度（Peden et al.，2014）。Zegeer 等（2002）对比研究了 1000 个有人行横道标识的人行横道和 1000 个没有标识的人行横道，发现没有标识的人行横道以及没有停车标志的区域发生交通事故的概率更大。通过控制标识/警告标识提高驾驶员的警惕性，控制驾驶车辆的速度，从而可能减少行人伤亡。另外，对街边停车的管制是因为街边停车在发生的行人碰撞事故中占比较大（Box，2004），尤其是儿童最可能从停着的车辆中冲出，导致交通事故的发生。因此，路边是否划定停车区域也影响行人出行安全。

对行人的约束主要利用交通信号灯、行人过街倒计时信号等设施，这也是目前普遍采用的方式。过街信号灯是影响行人出行安全的重要因素，在不受控制的交叉口，信号灯可以提高行人过街的安全性。根据澳大利亚的一项报告，安装信号灯使当地的行人交通碰撞率明显降低（Geoplan，1994）。交通信号灯和行人过街倒计时信号的相互配合能够及时分开行人和车辆（Sullivan et al.，2002），并能够有效减少行人与车辆的冲突。

2.4　建成环境对老年人出行安全的影响研究

2.4.1　老年人过街行为特征

老年人常常将步行作为最常使用的出行方式，不仅要依赖步行进行生活必需的出行活动，还需要通过步行外出进行休闲娱乐活动，同时步行也是衔接其他交通方式不可或缺的交通方式。相比较其他年龄段的人群，老年人受到交通伤害的概率更大，并且在遇到交通事故时，与年轻人相比，老年行人更容易受伤并遭受严重和致残伤害（Mackay，1988）。随着年龄的增加，老年人身体机能退化，出现了与年轻人不同的交通行为特征：一是犹豫不决，使汽车驾驶员难以做出准确判断，尤其是过街时（Hoxie et al.，1994）；二是感知能力和运动能力下降（Langlois et al.，1997），老人们需要比年轻人多 3～10 倍的光照才能感知相似的目标（Fozard，1981），其视力下降可能影响他们安全通过马路，年纪大的行人在过马路时，因看不到交通状况变化，反应时间比年轻人要慢很多。而腿脚不便会导致年纪较大的行人无法在紧要关头迅速采取行动避免被撞，老年人在过街时由于步行速度比年轻人慢，交通冲突风险暴露时间更长，从而增加其遇到交通事故的可能性；三是风险意识降低，导致采取预防性行为的意愿降低；四是认知方面，老年人处理复杂信息困难，对风险评估不足，没有考虑到步行能力的退化，容易将自己暴露于高风险中（Liu et al.，2014）。老年行人倾向于在交通环境中做出适当和主观的判断。基于一项观察性研究表明，老年行人相信车辆会停下来让他们穿过马路（Choi and Cho，2006）。横穿马路时，会选择在车流中间穿行，在通过车的间歇时会错误预估穿行所花费的时间，不能及时穿过马路，老年人因此更加容易遭遇严重的交通事故，严重的情况下可能增加老年行人的死亡率（Zivotofsky et al., 2012）。

2.4.2 影响老年人出行安全的建成环境因素研究

在当前的行人安全研究过程中，大多以全部的行人群体为研究对象，探究环境对其安全的影响，针对老年行人群体进行的研究较少。有研究通过对比建成环境因素对不同年龄段行人的影响，发现建成环境对老年行人和其他年龄段行人产生的影响存在差异（Choi et al., 2015）。复杂的道路条件，尤其是车流量大、车速快的道路上，会给老年人出行带来潜在的威胁（O'Hern et al., 2015）。建成环境对老年人出行安全的研究主要集中在人行横道、交叉口。

（1）人行横道

老年人在人行横道上更容易受到伤害，大多是因为老年人过街的步速比较慢，导致其来不及在行人绿灯时长内顺利过街，从而增加其交通事故的概率。另外，在有红绿灯的人行横道上，老年行人的步行速度会比往常更慢一点（Zajac and Ivan, 2003），原因是老年人认为有行人红绿灯的人行道足够安全，会放慢自己的过街速度，更悠闲地过街。后续的研究发现，不能满足老年人过街需求的人行红绿灯时长以及过宽的道路，会使老年人无法在安全的时间范围内过街，进而增加其发生交通事故的可能（Asher et al., 2012；Duim et al., 2017）。延长行人红绿灯的绿灯时长、增加行人红绿灯的倒计时信号等措施，有利于老年人的出行安全（Haque et al., 2013）。虽然在人行横道上容易发生老年人的交通事故，但在人行横道上发生的交通事故往往是比较轻的碰撞（Rothman et al., 2012），人行横道的设置能够有效降低交通事故的严重程度。现阶段针对人行横道和人行红绿灯时长对老年人出行安全影响的研究比较丰富，针对其他行人基础设施对老年人出行安全的影响则研究较少，部分学者在研究中提及了道路安全岛、路灯照明、交通标识等对老年人出行安全的影响，这些设施的优化有利于老年人的出行安全（Das et al., 2019；Kim and Ulfarsson, 2018）。

（2）交叉口

老年行人在交叉口发生交通事故的概率特别高，因为他们在过交叉口时，需要高效的认知处理能力、快速的反应力和行动能力（Oxley et al., 2004）。老年人在十字路口过街时，往往会因为过街时间不足而增加老年人遇到交通事故的概率，从而影响其出行安全。对于疏于管理的十字路口，更容易发生老年人交通事故（Grise et al., 2018）。也有老年人认为在交叉口过街不安全，并且为了便利性，选择在离交叉口50m左右的位置过街。除此之外，一些研究发现了交叉口形态对老年人的出行安全有正向的影响（Martin et al., 2010），环形交叉口一定程度上控制了车辆的速度，同时让司机更加关注路面上的情况，从而减少了交通事故的发生。

除了道路环境，周围区域的用地类型、设施的分布对老年人的出行安全也有影响。一项基于韩国首尔的土地利用数据以及行人碰撞数据的研究探究了土地利用对老年人出行安全的影响（Choi et al., 2015），发现商业用地与老年人的交通事故的严重程度呈正相关关系。商业用地多的区域通常拥有较大的人流、车流，可能导致更多的交通事故。公园和休闲用地的使用则对老年人出行安全有积极影响，公园、休闲用地为老年人提供了娱乐活动的场所，减少了老年人在道路上行走，并且往往不允许车辆进入，因此减少了老年行人交通事故。公交车站点在人流量大的区域对老年人的安全呈负向影响，原因在于公交车体型较大，容易妨碍司机和行人的视野，从而增加老年人交通事故。除此之外，百货公司、银行、宗教设施等设施均会对老年人的出行安全造成一定影响（Grise et al., 2018）。

2.5　影响行人安全的建成环境因素方法测度

建成环境对行人安全的影响研究早期主要是定性的方法，后期引入了计量模型，最常使用的模型主要有以下五种。

1）计数数据模型。包括泊松回归模型（Wang et al., 2013）、负二项回归模型（Lee, 2020）等。行人交通事故通常为非负整数，早期常采用泊松回归模型识别建成环境与行人事故之间的相关关系，后来为了处理事故数据过度离散的问题，引入负二项回归模型，现阶段常使用负二项回归模型分析行人安全的影响因素。谢波等（2020）利用负二项模型检验了城市用地更新对交通事故的影响，研究结果表明城市居住用地、商业用地以及商住混合用地会增加交通事故的发生。

2）有序概率模型。包括有序 probit 模型（Clifton et al.，2009）、多项 Logit 模型（Kim，2019）等。主要用于建成环境与行人交通事故严重程度的研究。Ossenbruggen 等（2001）建立 Logit 回归模型研究环境与行人安全之间的关系，发现土地利用活动、路边设计、交通控制设施等多方面的因素均对行人安全有显著影响。

3）多元线性回归模型。多元线性回归模型常被用来探究因变量和多个自变量之间的关系，Sliupas 等（2009）运用多元线性回归模型对道路环境和交通事故建模，发现道路地面形态、路段长度与交通事故量相关性最强。

4）结构方程模型。结构方程模型通常用于处理内生变量和外生变量之间的复杂关系，并且能将潜在变量包含在模型中。影响行人安全的因素之间也可能存在关系，为了探究因素之间复杂的关系，采用结构方程模型进行分析。在韩国的一项研究中采用结构方程模型，对道路因素、驾驶员因素、环境因素以及事故规模进行建模，发现道路因素、驾驶员因素和环境因素均与事故规模有密切的关系（Lee，2008）。

5）空间建模方法。交通事故的发生存在一定的地理相关性，Retting 等（2003）在建成环境影响行人安全建模过程中，将空间属性纳入模型进行研究，分析行人交通事故在地理空间上的相关性。

2.6 研究评述

总体而言，现有对于建成环境和老年人步行活动的研究取得的一定的成果与进展，但内容和方法仍存在以下两个方面的问题。

1）研究方法上存在局限性，现有建成环境对老年人步行活动研究缺乏非线性效应分析。现有以"3Ds""5Ds"为模型测度的建成环境对步行活动的影响的研究较为丰富，但大多数研究假设建成环境和老年人步行活动之间为线性或广义线性关系，然而已有研究表明，建成环境与交通行为之间为复杂的非线性关系（Liu et al.，2021）。同样，建成环境与老年人步行活动之间也可能并非简单的线性关系，需要进一步解析建成环境对老年人步行活动的非线性影响及可能存在的阈值效应。然而，传统基于预设线性或广义线性的统计模型，难以揭示这种复杂的非线性关系。

2）目前建成环境对老年人出行安全的影响研究整体欠缺，虽然现有关于建成环境与步行安全的研究已经较为丰富，但缺少对老年群体的关注，大多数研究的研究主体是所有年龄群体。由于老年人有其自身的步行活动特征，开展建成环境对其出行安全的影响需考虑其独特的步行活动特征。

此外，现有研究主要探讨"建成环境与步行活动"和"建成环境与步行安全"的关系，且在建成环境与老年人安全的研究中主要从微观的交叉路口、人行横道等进行老年人过街安全的研究，没有从完整的建成环境框架去分析老年人的步行活动以及随之带来的交通安全问题，缺少"建成环境–老年人步行活动–老年人步行安全"的完整研究路径。

第 3 章 | 研究区概况与数据

本章主要内容包括以下四个方面：第一，对研究区基本情况进行了简要描述，指出渝中区严重的老龄化现状；第二，对所搜集的问卷数据进行整理，并对老年人步行活动特征进行了分析；第三，确立了合适的缓冲区大小，构建了本书的建成环境指标体系，并对研究区内建成环境数据进行了提取与处理，对研究区内各类设施分布进行了简要描述；第四，对渝中区老年人交通事故的特征进行描述。

3.1 研究区概况

重庆市渝中区（图 3-1）是重庆市的中心城区之一，毗邻长江和嘉陵江交汇处，两江环抱，形似半岛，其东、南和北面均临水，地形坡度较大，土地利用紧凑。全区总面积仅 23.24km²，其中，陆地面积为 20.08km²，是重庆市面积最小的行政区，但该区常住人口多达 58.87 万人。近年来，渝中区老年人口持续增长，老龄化程度进一步加重。据第七次人口普查数据，渝中区 60 岁及以上的人口为 11.63 万人，约占全区常住人口的五分之一。作为典型的"山城"，渝中区地势坡度起伏大，海拔差超过 200m。此外，渝中区是重庆市的中心商业区，车流量大，交通状况复杂。重庆渝中区是老城区，2010 年以后新建的住宅小区有翡翠都会、融创白象街等，但路网变化很小，整体来说渝中区建成环境近年来相对变化较小。因此，本书选择重庆渝中区作为研究区域，具有典型性与借鉴意义。

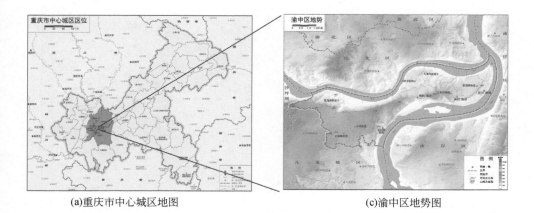

(a)重庆市中心城区地图　　　　　　　　　　(c)渝中区地势图

图 3-1　研究区位置概况图

3.2　数 据 来 源

3.2.1　渝中区老年人交通事故数据

本书所采用的老年人交通事故数据来源于重庆市公安局渝中区分局交巡警支队（以下简称渝中区交巡警支队），2010~2021 年渝中区交通事故数据共 2580 条，其中涉及行人–机动车碰撞事故共 854 条（剔除了由于酒驾、毒驾、行人闯红灯等不当行为导致的碰撞事故以及行人–摩托车碰撞事故），老年行人–机动车碰撞事故数据共 477 条。对事故数据中同一事故涉及两个老年人的进行合并，同时剔除事故地点不明的数据，最终获取老年人事故数据为 392 条。

本次获取到的交通事故数据包括了老年人的年龄、性别、事故发生时间、事故的地理位置以及事故类型等信息，对于筛选后的老年人交通事故数据，利用 ArcGIS 软件将其在地图上标注（图 3-2）。

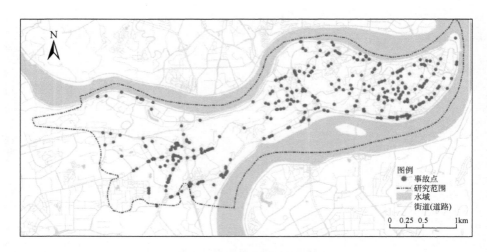

图 3-2　渝中区老年行人交通事故点分布

3.2.2　问卷数据

为揭示重庆市渝中建成环境与老年人步行活动关系，课题组于 2021 年 7 月开展了"建成环境与老年人步行活动调查"的问卷调查。调查范围为重庆市渝中区，调查主体为 60 岁及以上老年人，调研小区分布如图 3-3 所示。调查内容包括被调查者的个人基本信息、步行活动特征等。问卷获取方式为一对一调

图 3-3　渝中区老年行人调研小区分布

查，主要调查成员为本课题组成员。共发放问卷 528 份，回收 528 份，剔除内容缺失、异常、条件不符问卷，剩余有效问卷 453 份，问卷有效率为 85.80%。

3.2.3　建成环境数据

（1）数据来源

本书所涉及的建成环境数据主要包括土地利用数据、路网数据、遥感影像数据、人口数据、渝中区各类设施网点数据，以及道路环境设施数据。①土地利用数据利用 ArcGIS 软件在遥感数据的基础上进行矢量化得到，遥感影像为渝中区 2019 年高精度遥感数据，分辨率为 2m×2m，空间参考系为 GCS-WGS-1984，基准面为 D-WGS-1984。②设施网点数据来源于高德地图开放地图平台（https：//lbs.amap.com/），获取了重庆市渝中区购物、娱乐、就医等多类别的 POI 兴趣点，包括地理位置（经纬度坐标）、设施类型等，并通过 ArcGIS 进行处理。③人口数据来源于联通手机信令数据，获取到的数据以 250m×250m 的格网为统计单元，时间为 2021 年 6 月。总人口及老年人口通过统计渝中区各网格连续一个月的常住人口数量的平均值获得；就业人口通过统计渝中区各网格连续一个月在该区域工作的人口数量获得，判断就业人口的依据是白天在该区域活动，而晚上不在该区域活动的人群。本书所使用的联通手机信令数据是对重庆市渝中区联通手机信令数据进行脱敏扩样后的结果，能够在一定程度上代表渝中区人口数量，同时数据隐去了个人信息，不涉及隐私。④渝中区路网数据来源于 OSM 数据库（https：//www.openhistoricalmap.org/），并利用 ArcGIS 软件结合地图和实地调研对路网进行了修正。⑤道路环境设施数据来源于实地调研。

（2）缓冲区确定

缓冲区是在地理空间分析中常用的概念，表示在点、线、面等地理实体周围建立的一定宽度的区域，用于描述实体的影响或服务范围。研究表明，以被访者住所为中心划定出的缓冲区范围相比行政区更接近其日常活动空间（Leal et al.，2011）。缓冲区根据不同应用场景，可分为圆形缓冲区、路网缓冲区和线形缓冲区三类，其中圆形缓冲区应用最为广泛。受身体机能退化影响，老年人主要围绕住所四周开展日常活动，出行距离随着年龄的增长而减小，研究建成环境对老年人步行活动的影响多选择400m、500m缓冲区，更接近于老年人日常活动空间，这个范围内建成环境特征变量对老年人步行活动的影响更加明显（Lee et al.，2013；Ding et al.，2014）。因此，采取以老年人居住小区为圆心，400m直线距离为半径划定圆形缓冲区，完成建成环境数据采集。

（3）建成环境指标选取

尽管目前已经形成较为成熟的"5Ds"建成环境表征体系（即密度、多样性、设计、目的地可达性和公交临近度）作为国内外相关研究的理论基础。然而，也有研究表明，国际上常用的"Ds"变量不能与国内城市规划、设计体系有效衔接，并不能直接套用于国内研究（张煊等，2018）；同时国内对于影响交通安全的建成环境指标尚未形成完整的体系（王侠等，2018）。

因此，基于既有研究对建成环境要素的考虑，从土地利用特征、设施临近性、道路设施、社会经济等方面构建指标体系（图3-4）。土地利用特征包含土地利用类型、土地利用混合度以及开发强度；设施临近性主要包括公共交通站点临近性、日常活动设施密度（学校密度、医院密度、生活服务设施密度）、休闲娱乐设施密度（餐饮密度、公园与绿地、活动中心）；道路设施主要选取路网密度、人行道密度和交叉口密度、人行天桥及地下通道密度进行表征；社会经济包括人口特征和经济特征。

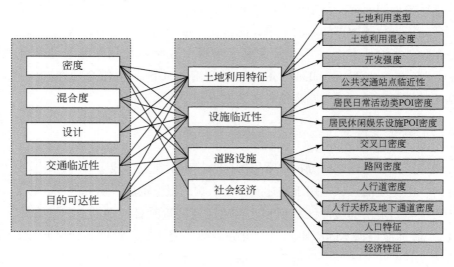

图3-4　建成环境指标体系

（4）建成环境数据处理

将研究中涉及建成环境要素分为土地利用特征、设施临近性、道路设施、社会经济特征四类。

A. 土地利用特征

土地利用特征主要包含以下三类变量特征：土地利用类型、土地利用混合度及开发强度，变量汇总如表 3-1 所示。

表 3-1　土地利用变量

类型	变量名称	变量描述
土地利用类型	公共服务用地比例	缓冲区内公共管理与公共服务用地面积占比
	教育用地比例	缓冲区内教育与科研用地面积占比
	道路设施用地比例	缓冲区内道路与交通设施用地面积占比
	商服用地比例	缓冲区内商业服务设施用地面积占比
	居住用地比例	缓冲区内居住用地面积占比
	公用设施用地比例	缓冲区内公用设施用地面积占比
土地利用混合度	土地利用混合度	缓冲区土地利用的多样性［见式（3-1）］
开发强度	建筑密度	缓冲区内建筑面积除以缓冲区地块面积的比值
	容积率	缓冲区内总建筑面积与缓冲区面积的比值

土地利用类型。土地利用数据采用了 ArcGIS 软件进行矢量化处理，基于渝中区 2019 年分辨率为 2m×2m 的高精度遥感数据，获取土地利用数据。根据《城市用地分类与规划建设用地标准》，将土地利用类型分为 6 类，包括居住用地、商业服务设施用地等，计算各类用地类型的占比。

土地利用混合度。土地利用混合度（李建春等，2022）常用熵模型度量，量化给定区域的用地均衡性测度公式如式（3-1）所示：

$$E_j = \frac{-\sum_i (A_{ij} \ln(A_{ij}))}{\ln N_j} \tag{3-1}$$

式中，A_{ij} 为区域 j 中 i 类用地所占的比例；N_j 为区域 j 中用地类型的数量；熵值 E_j 介于 ［0, 1］，当区域内只用一种土地利用时其值为 0，当区域内各土地利用比例相等时其值为 1。

开发强度。通常以建筑密度、容积率表征街道周边的开发强度。本书以住区400m 圆形缓冲区为单元计算建筑密度和容积率。

B. 设施临近性

设施临近性主要考虑各类设施的临近性。采用兴趣点（point of interest，POI）数据来计算各类设施的临近性。POI 数据均来源于高德开放地图平台，包括购物、学校、医院、休闲娱乐设施等多类别设施点，数据包含设施位置、类型等。设施临近性变量汇总如表 3-2 所示。获取后的数据导入 ArcGIS，利用核密度分析可视化输出如图 3-5 所示。

表 3-2　设施临近性特征变量

类型	变量名称	变量描述	单位
设施临近性	休闲娱乐设施	缓冲区单元中公园与绿地休闲娱乐设施数量	个/缓冲区
	到公园距离	样本小区到公园的最近距离	m
	到菜市场距离	样本小区到菜市场的最近距离	m
	学校数量	缓冲区单元中的学校数量	个/缓冲区
	医院数量	缓冲区单元中的医院数量	个/缓冲区
	到医院距离	样本小区到医院的最近距离	m
	公共交通	缓冲区单元中的公共交通站点数量	个/缓冲区
	到公共交通距离	样本小区到公共交通站点最近距离	m

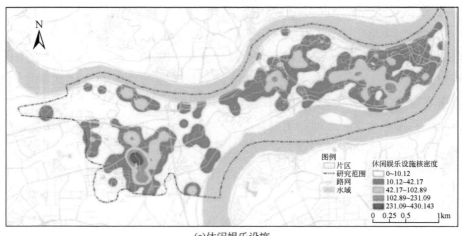

(a)休闲娱乐设施

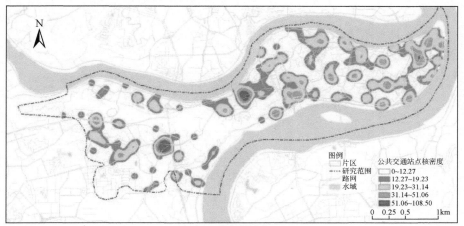

(b)公共交通站点

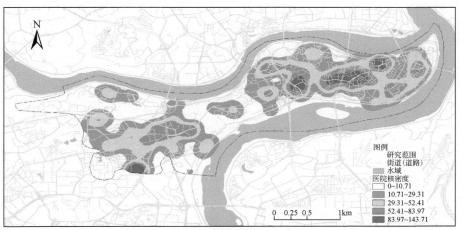

(c)医院数量

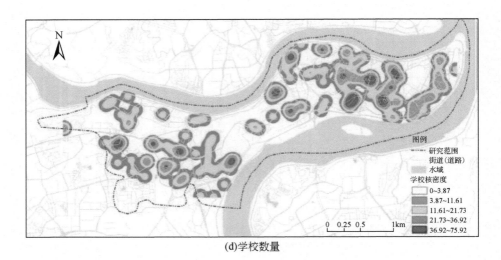

(d)学校数量

图 3-5　POI 空间热点分布示意

C. 道路设施

道路设施变量包括路网密度、行人过街设施密度、交叉口密度。路网数据来源于 OpenStreetMap 数据库，利用 QGIS 对下载路网进行空间矫正后以 .shp 格式输出后导入 ArcGIS，结合实际调研进行修正。其他道路设施数据获取于实地调研。道路设施变量汇总如表 3-3 所示，可视化输出如图 3-6 所示。

表 3-3　道路设施变量

类型	变量名称	变量描述	单位
	路网密度	缓冲区内道路长度之和	m
	人行道密度	缓冲区内人行道数量	个
道路设施	人行天桥	缓冲区内人行天桥数量	个
	地下通道密度	缓冲区内地下通道数量	个
	交叉口密度	缓冲区内交叉口数量	个

D. 社会经济特征

社会经济数据包括人口特征（人口密度、就业密度、老年人口密度）、经济特征（老年人口收入、房价）。其中人口数据来源于 2021 年 6 月联通手机信令数

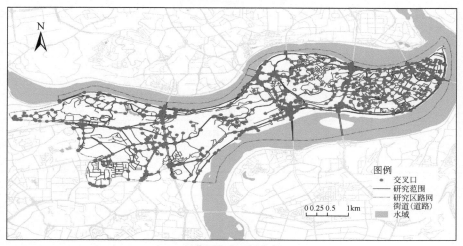

(a)路网及交叉口分布

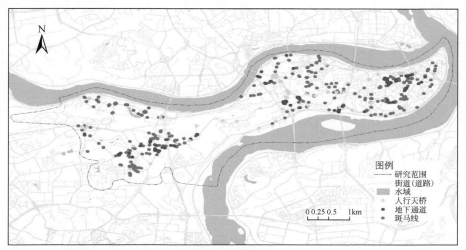

(b)行人过街设施分布

图 3-6　道路设施分布示意

据，数据以 250m×250m 的格网为统计单元，统计了网格内连续一个月的常住人口、就业人口及老年人口数量均值。社会经济特征中，收入数据来源于调查问卷中住区内老年人的月收入均值，房价数据来源于房天下（http://www. soufun. com. cn）。社会经济变量汇总如表 3-4 所示，可视化输出如图 3-7 所示。

表 3-4　社会经济变量

类型	变量名称	变量描述	单位
人口特征	人口密度	缓冲区内常住人口数量	万人
	就业密度	缓冲区内就业人口数量	万人
	老年人口密度	缓冲区内老年人口数量	万人
经济特征	老年人收入	问卷调查中住区老年人月收入均值	元
	房价	样本小区 200m 内平均房价	元

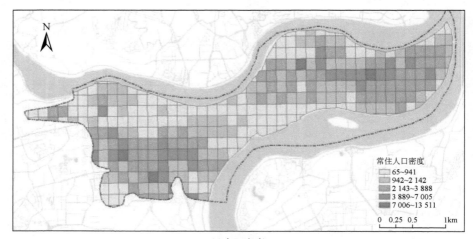

(a)人口密度

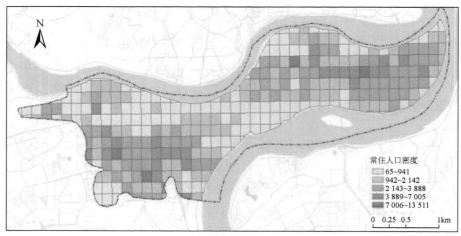

(b)就业密度

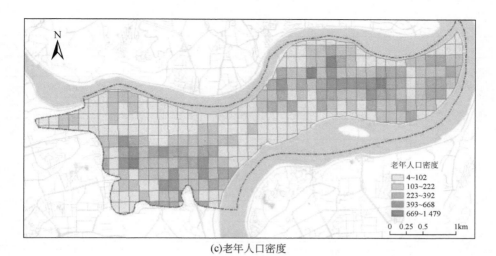

(c)老年人口密度

图 3-7　社会经济变量示意

3.3　数据特征分析

3.3.1　老年人个体社会属性及步行活动特征

（1）个体社会属性特征

个体社会属性特征对步行活动有着重要的影响，探究建成环境对老年人步行活动影响过程中，应控制个体社会属性对步行活动的影响，才能获得更准确的结果。有效问卷信息的统计性描述如表 3-5 所示，将受调查的老年人年龄按自然断点法分为 4 级，分别是 60 ~ 64 岁、65 ~ 68 岁、69 ~ 72 岁、73 岁及以上。

表 3-5　问卷统计信息描述

名称	选项	百分比（%）	累计百分比（%）
年龄	60 ~ 64 岁	28.04	28.04
	65 ~ 68 岁	25.16	53.20
	69 ~ 72 岁	22.96	76.16
	73 岁及以上	23.84	100.00

名称	选项	百分比（%）	累计百分比（%）
性别	男	53.20	53.20
	女	46.80	100.00
受教育程度	小学及小学以下	52.98	52.98
	初中	32.01	84.99
	高中（含中专）	11.70	96.69
	大学（含大专）及以上	3.31	100.00
个人收入	1500 元以下	45.48	45.48
	1500～3000 元	41.72	87.20
	3000～4500 元	9.93	97.13
	4500～6000 元	2.21	99.34
	6000 元以上	0.66	100.00

（2）老年人步行活动特征

通过问卷数据提取老年人每天的步行活动次数，相较于年轻人日常通勤出行，老年人出行拥有更大的时间随机性，步行活动频率也更高。由图 3-8 可知，每日极少进行步行活动的老年人仅占总调查群体的 6.80%，说明大部分老年人每日均会进行外出步行活动。约有 62.50% 的老年人每日进行 1～2 次外出步行活动，约有 28.90% 的老年人每日外出步行活动频次为 3～4 次，约有 1.80% 的老年人每日外出步行活动次数为 5 次及以上。结合年龄分布来看，低龄老年人（60～64 岁）出行每日出行频次较高。随着年龄的增加，老年人的每日出行总频次有所下降，这可能是由于高龄老年人不再承担家庭购物活动，每日仅进行休闲步行活动，加之调研期间正值重庆夏季，高龄老年人饭后散步的活动减少。

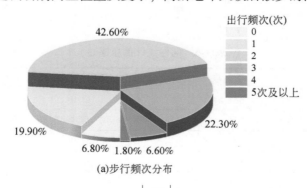

(a)步行频次分布

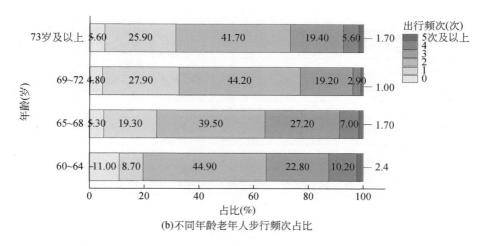

(b)不同年龄老年人步行频次占比

图 3-8 老年人步行频次统计

由图 3-9 可知,老年人每日休闲步行活动大多都在 1 ~ 2 次,这符合夏日户外活动特点,重庆 7 月较为炎热,只有早晨和傍晚温度有所下降,因此大多数老年人会选择早晚进行休闲活动,故老年人每日休闲步行活动 1 ~ 2 次占比最高。对以休闲为目的的步行活动而言,各年龄段的每次活动频次差别不大,其中每次休闲活动步行频次为 0 次的群体中,60 ~ 64 岁、65 ~ 68 岁老年人的占比较大,分别为 40.00% 和 24.00%。

从以购物为出行目的的步行活动来看,低龄老年人较高龄老年人更多地承担家庭购物活动,73 岁及以上老年人中约有 30.70% 老年人不再进行每日购物出行

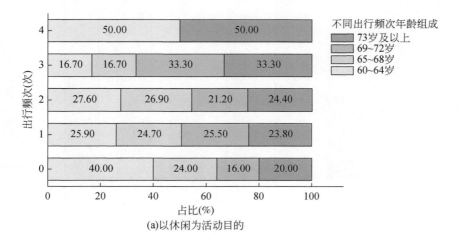

(a)以休闲为活动目的

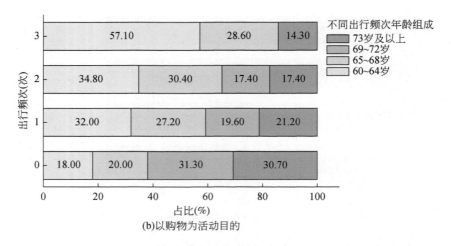

(b)以购物为活动目的

图 3-9　不同年龄老年人步行频次统计

活动，60～64岁、65～68岁、69～72岁老年人中不进行购物活动的人数占比分别为31.30%、20.00%、18.00%，明显低于73岁及以上老年人不进行购物活动的占比。

由图3-10可知，从日总出行次数来看，男性老年人群体占步行活动次数为0

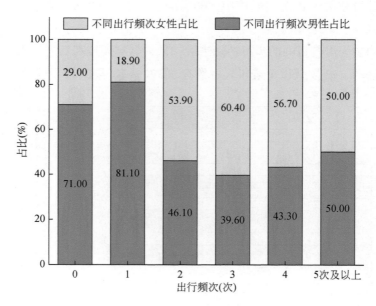

图 3-10　不同性别老年人步行频次统计

次的所有老年人的 71.00%，数据说明男性老年人日均步行活动次数较低。女性老年人占日总步行活动次数为 2 次、3 次、4 次群体的数值分别为 53.9%、60.4%、56.7%，相较于男性老年人来说，女性老年人日总步行活动次数较高。

由图 3-11 可知，休闲性步行活动没有明显的性别差异，每次不进行休闲性步行活动或极少进行步行活动的男性高于女性老年人，这表示女性拥有更强的户外活动意愿。从购物步行活动来看，女性进行购物活动的人数占比明显高于男性，在所有调查的男性老年人人群中，超过半数的男性老年人不承担家庭购物活动，这一人数占所有不承担家庭购物活动老年群体的 83.30%。

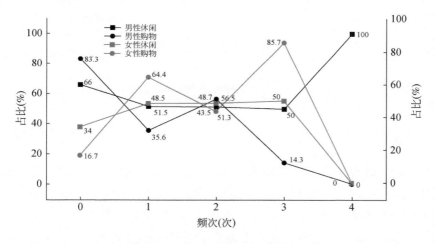

图 3-11 不同性别老年人休闲娱乐、购物活动目的步行频次统计

3.3.2 渝中区老年人交通事故发生的个体特征

（1）交通方式

对所获得的 2010~2020 年渝中区老年人道路交通事故统计发现，老年人事故数据中老年人交通方式为步行的占事故总数的 89.50%，乘坐小汽车等机动车的事故占 4.48%，驾驶机动车的事故占 3.92%。由图 3-12 可知，渝中区老年人交通事故的主要交通方式为步行，由此可见老年人在步行活动中受到的人车碰撞威胁较高。由于老年人年龄的增长，身体活动机能逐渐下降，逐渐丧失驾驶机动

车或非机动车的能力，且由于渝中区道路坡度较大，因此较少使用自行车、电动自行车等非机动交通工具。

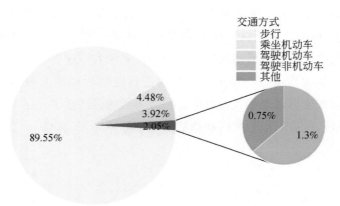

图 3-12 渝中区涉及老年人的交通事故交通方式统计

（2）性别

在老年人遭遇的人–车碰撞中，男性老年人占 40.29 %，女性老年人占 59.71% （图 3-13），女性老年行人遇到交通事故的概率大于男性老年人。女性在遇到突如其来的危险时，往往会表现出比男性更弱的反应力和应变能力 （Clifton et al.，2009）。当女性面临即将发生的车辆碰撞情况时，通常会产生恐惧心理，这种情绪状态可能会影响她们的决策能力和行为选择，导致她们在紧急情

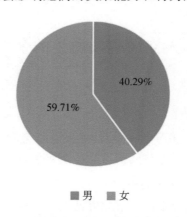

■ 男 ■ 女

图 3-13 渝中区老年人交通事故性别分布

况下不知所措，不能及时躲避车辆，从而增加了遇到交通事故的风险。

（3）年龄

按照自然断点法，将 60 岁及以上老年人分为六个年龄段（图 3-14）。80～85 岁的老年人发生交通事故最多，占 22.11%；75～80 岁的老年人发生交通事故占比 21.87%。这说明在 75～85 岁年龄段，老年人还具有独立外出的能力，但由于年龄较大，已经出现腿脚不便、反应不及时等状况，使得这个年龄段的老年人发生人–车碰撞交通事故占老年人–车碰撞交通事故总量的一半。且这个年龄段的人–车碰撞交通事故中，老年人被撞后死亡率高达 43%。可见发生交通事故后，年龄越大受到的伤害越重，致死率越高。60～65 岁年龄段的老年人身体机能相对最好，日常生活丰富，出行活动更加频繁，发生人–车碰撞交通事故概率也较大。85 岁以上，老年人减少了外出步行活动，发生人–车碰撞交通事故的概率相对较小。

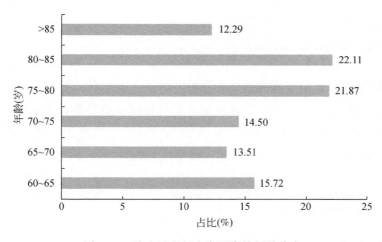

图 3-14　渝中区老年人交通事故年龄分布

3.3.3　渝中区老年人交通事故发生的道路条件特征

（1）道路形态

道路的曲率和坡度通过对能见度产生影响，从而影响了交通事故的发生

（Kaygisiz et al., 2017），相较于平直的道路，曲率和坡度较高的道路能见度较低，驾驶员在这样的道路上行驶需要更加谨慎。有实验表明，驾驶员在 60km/h 的行驶速度下，驾驶员反应距离与制动距离总计需要 45m；以 50km/h 行驶时，总停止距离为 35m；以 40km/h 行驶时，降至 26m。汽车行驶速度越快，需要的总停止距离越长，增加了事故风险（Queensland Government，2016）。从渝中区老年人交通事故发生地道路形态条件统计可知，发生在平直的道路上的事故数量约56.53%（表 3-6）。

表 3-6　渝中区老年人交通事故发生地道路线形与事故类型交叉分析

（单位：%）

道路线型	事故占比	事故类型	
		伤人事故	死亡事故
坡度	17.72	68.42	31.58
弯度	12.69	61.76	38.24
坡弯	13.06	60.00	40.00
平直	56.53	79.21	20.79

通过对道路形态与事故类型交叉分析可以进一步发现，在平直道路上发生的交通事故多为伤人事故，约占所有发生在平直道路事故总数的 79.21%，发生在坡弯的老年人交通事故中，致死率高达 40%。这说明道路的坡度、弯度增加了老年人–车碰撞交通事故的严重程度，而平直的道路增加了老年人–车碰撞交通事故的概率。

（2）道路物理隔离设施情况

道路物理隔离是指利用物理隔离设施，将不同的交通方式、行车方向隔离开来，常利用绿化带、铁栅栏等进行隔离。道路的物理隔离设施对行人安全存在一定的影响（Retting et al.，2003）。渝中区老年人交通事故中有 68.29% 发生在无物理隔离设施的道路上（图 3-15）。结合实际情况来看，渝中区多双向两车道，在没有物理隔离设施的道路上，老年人为求便利，往往抱着侥幸心理横穿马路，导致了老年人–车碰撞交通事故的发生。

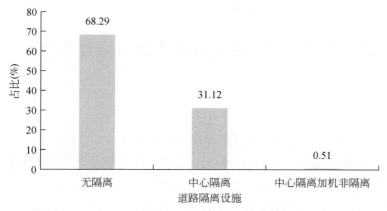

图 3-15　渝中区老年人交通事故发生地的道路隔离设施情况

（3）道路与交叉口类型

将道路类型按照普通路段、交叉口、桥梁隧道、其他（匝道、窄路、路段进出处等）分类。对交通事故发生地类型进行统计发现（图 3-16），渝中区老年人交通事故约有 67% 的发生在普通路段，19% 发生在交叉口处。在普通路段，驾驶员及行人容易放松警惕，车速较快，导致交通事故的发生。在交叉口，较多的老年人交通事故发生在三岔交叉口，约占所有发生在交叉口事故总数的 66%，原因在于三岔交叉口交通信号、标线、其他交通监控措施相对混乱。此外三岔交叉口大多位于城市支路，道路较为狭窄，存在机非混行的情况，增加了人–车碰撞的风险。在四岔、多岔、环形交叉口处，通常交通信号灯、标线或其他交通管控

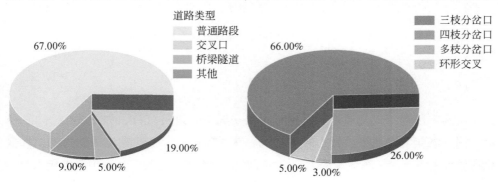

图 3-16　渝中区老年人交通事故发生地道路与交叉口类型统计

措施较为规范完善，减少了交通事故的发生。

3.3.4 渝中区老年人交通事故发生的时间分布特征

（1）月份

季节性因素是影响老年人交通事故发生的因素之一。不同季节的气候和天气状况都会对老年人的出行安全产生影响。对渝中区老年人交通事故发生时的月份进行统计后发现，不同月份的交通事故数量存在显著差异。具体来看，3 月、5 月和 12 月老年人交通事故发生频率较高，分别占 10.63%、10.07%、10.07%（图 3-17）。这可能是因为 3 月天气回暖，5 月正值春季草木萌发，这些季节较适宜外出活动，老年人的出行活动较多，增加了交通暴露。而 12 月阴雨天气多、道路能见度低，可能增加了发生事故的风险。6~8 月，重庆气温较高，不太适宜外出，老年人的出行意愿降低，事故发生率也相应降低。

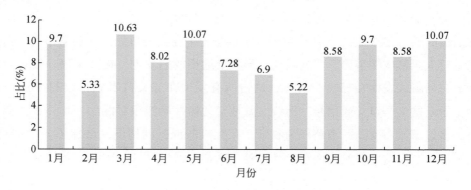

图 3-17 渝中区老年人交通事故发生月份统计

（2）周时段、日时段

将渝中区老年人交通事故发生时间按一周 7 天进行统计，如图 3-18（a）所示。周一老年人交通事故发生频率最高，为 17.54%，这可能与通勤的周期性变化有较大关系。周一车流量最大，增加了事故发生的可能性。对渝中区老年人交通事故发生在一天内的时段进行统计，如图 3-18（b）所示，事故在上午发生的概率最高，8~10 时的事故占比为 16.98%，6~8 时的事故占比为 14.93%，10~12 时

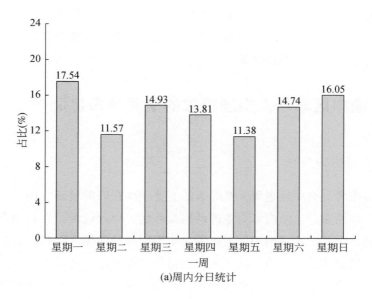

(a)周内分日统计

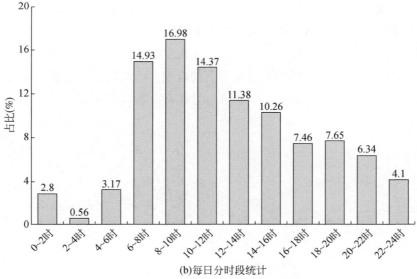

(b)每日分时段统计

图 3-18 渝中区老年人交通事故发生时段统计

的事故占比为 14.37%。上午老年人外出活动较活跃,正是送孙辈上学、买菜购物、休闲活动的时间段,也包含了早高峰,通勤流量大,容易发生交通事故。对渝中区老年人交通事故发生时间按照白天、夜晚进行统计后发现,大多数老年人交通事故发生在白天。这与Martin（2010）的发现一致，即涉及老年人的交通事故多是在能见度好、良好的天气条件下。这是因为老年人较少在夜间出行，即使在夜间出行也会比白天更加谨慎。

3.3.5 渝中区老年人交通事故的空间分布特征

（1）整体分布特征

从整体来看，渝中区老年人交通事故主要发生在以解放碑、朝天门为主的解放碑片区，以两路口、上清寺为主的两路口片区，以及以大坪、石油路为主的大坪片区。这三个片区均是渝中区老年人口集聚明显的区域，同时拥有较为复杂的建成环境。解放碑及其周边区域、大坪街道均是渝中区的老城区，是重庆市最早的商业中心，生活设施齐全，街区密集，老旧小区较多，建成环境复杂，人流量大，增加了老年人交通事故发生频率；另外，随着城市更新的推进，渝中区很多老旧小区在进行施工，导致老年人的出行困难，影响其出行安全。朝天门和菜园坝是重庆市批发市场的集中地，以批发功能为主，老年人活动较少。而化龙桥建设年代较新，其交通、生活配套设施都更加合理。因此化龙桥街道、朝天门街道和菜园坝街道老年人交通事故发生较少，且非常分散（图3-19）。

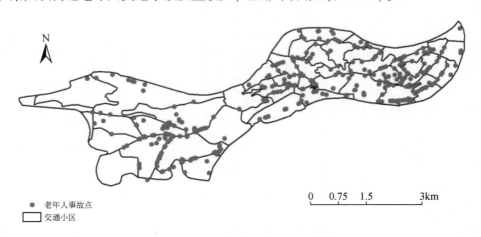

图 3-19 渝中区老年人交通事故分布图

（2）空间集聚总体特征

为进一步识别渝中区老年人交通事故发生点的高密度集中区，采用 ArcGIS
的 kernel density 工具，分析渝中区老年人交通事故的聚集程度。从整体来看，渝
中区老年人交通事故点高密度集聚区域主要在以解放碑为核心向四周扩散的解放
碑片区、以上清寺为核心并向四周扩散的上清寺片区，以及以大坪街道为核心并
向四周扩散的大坪片区，这些集聚区域呈面状分布，其他区域则是以点状集聚为
主。核心区域大多是渝中区经济发展较好的区域，交通网络复杂，人口流动大，
并且土地功能比较复杂。本书综合各区域目的地设施现状、人口集聚特征对老年
人交通事故高发的区域进行分析（图 3-20）。

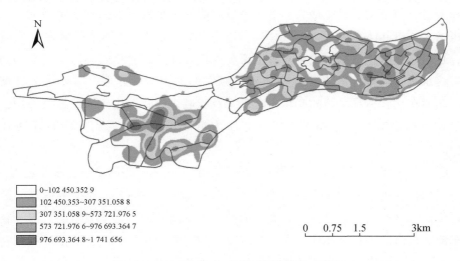

	0~102 450.352 9
	102 450.353~307 351.058 8
	307 351.058 9~573 721.976 5
	573 721.976 6~976 693.364 7
	976 693.364 8~1 741 656

0   0.75   1.5   3km

图 3-20 渝中区老年人交通事故核密度分析

A. 解放碑片区：经济中心、路网复杂、道路狭窄

从核密度分析来看，解放碑片区包括解放碑大部分地区、南纪门街道大部分
区域，以及七星岗街道的部分区域。这三个区域作为重庆市最早发展的中心，有
大型商业中心和各类型的批发市场，并且大部分住宅都是商住混合，可供老年人
开展活动的区域极少。因此，这三个区域的老年人大多选择将道路作为日常休闲
活动的主要区域，交通风险暴露大，导致老年人交通事故的发生。另外，解放碑
片区各街道规划较早，大部分道路比较狭窄，且路网复杂，在早期规划中主动交
通安全规划缺乏，导致这些区域老年人的交通事故较多。

同时，从图 3-20 中可以看出，南纪门街道中部的高密度集聚中心呈线状分布，主要分布在解放东路和解放西路，主要原因有两个：一方面，解放东路和解放西路是连接菜园坝和朝天门的重要道路，且为一条双向车道，车流量大，行人设施不完善，行人横穿马路较多，造成了较多的交通事故；另一方面，2013 年 8 月前南纪门街道拥有重庆市著名的中药材批发市场，解放东路是南纪门街道的主干道，集中了大量的中药材、西药以及医疗器械的批发商铺。老年人因为买药的需求，在解放东路的交通暴露风险较大，导致交通事故发生较多。

B. 上清寺片区：设施丰富、道路坡度大、老年人活动受限严重

上清寺片区主要包括两路口街道的东部区域和上清寺街道的南部区域，从这两个区域的目的地设施集聚现状来看，各类设施的集中度都比较高，是两路口街道和上清寺街道生活设施最为丰富的区域，能够满足老年人的日常生活需求，同时也增大了老年人外出活动的频率。另外，调研发现，这两个区域道路坡度较大，且道路狭窄，道路中少有人行横道和人行红绿灯，老年人不得不横穿马路过街，这也是上清寺片区老年人交通事故频发的原因。一方面，道路狭窄且坡度大，车辆在遇到横穿马路的老年人时来不及躲避，由此发生碰撞；另一方面，道路上人行横道较少，道路坡度大，老年人行动不便，在遇到危险时无法及时反应。

C. 大坪片区：集购物、居住、教育等功能于一体，路网复杂，车流量大

大坪片区主要包含了大坪街道的大部分区域和大坪-石油路交界区域，是渝中区经济发展的第二中心，拥有大型商圈，生活便利，聚集了大量的人流、物流和车流。与解放碑片区相比，大坪片区有更为明显的商住分离，从土地利用现状来看，大坪片区商业用地、居住用地和公共服务设施用地均是用地的重要组成部分，适合老年人生活与居住。从各类设施的集聚可以看出，大坪片区的目的地设施大部分集中在同一区域，也是老年人交通事故高频发生的区域，各类设施丰富多样，在促进生活便利性的同时，也增加了老年人步行外出活动的频率，使更多的老年人出现在马路上。而大坪片区是渝中区老年人口最多的区域，大量的老年人在此生活居住，导致该区域交通事故频发。大坪片区因其商业聚集，人流、车流较大，区域路网复杂，并且作为老城区在早期规划中以交通便利性为主，缺乏主动交通安全的规划，因此成为老年人交通事故频发的区域。

其中，大坪街道的核心点主要包括了莲花国际和康德国际两个商住两用楼宇组团，位于大坪环道附近，地理位置优越，交通便利，南面毗邻大坪英利大融

城、龙湖时天街，西临重庆轨道交通 1 号线和 2 号线的枢纽站，东面包含了福康小区和长城小区两个住宅小区。该区域用地丰富多样，老年人生活便利，但由于区域车流量大、道路设施复杂，老年人交通事故易发。

（3）事故高值区域特征

为识别渝中区老年人交通事故的空间相关性，本书采用 ArcGIS 的空间相关性工具对老年人交通事故的空间属性进行分析，得到莫兰指数为 0.207（$Z=$ 2.987，$P=0.002$）。莫兰指数值较小，说明老年人交通事故的空间相关性较弱。

进一步采用热点探测器对渝中区老年人交通事故的空间属性进行分析，发现老年人交通事故在大坪–石油路区域和南纪门区域形成了显著的高值集聚，在化龙桥街道的东部和大坪的南部区域形成了次高值集聚，在朝天门部分区域和石油路西部区域形成了显著的低值聚集。本书将三个高值区域七星岗区域（Ⅰ号区域）、康德国际区域（Ⅱ号区域）、佛图关区域（Ⅲ号区域），结合高值区域的建成环境，对单个高值的研究单元进行进一步的分析，辨析建成环境对老年人出行安全的影响（图 3-21）。

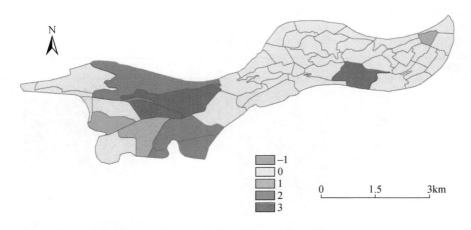

图 3-21　渝中区老年人交通事故热点区域识别

Ⅰ号区域南为南区路，北为和平路，东为中兴路，西为中山一路。Ⅰ号区域是渝中区典型的老城区，处于解放碑的边缘，商业受解放碑的带动十分明显。土地利用多样，居民生活方便，老年人聚居较多。除此之外，该区域还是山城步道的所在之处，吸引了较多的老年人出行。区域内路网复杂，和平路和中兴路均为双向四车道，是到达解放碑的主要道路，车流量大。作为主要道路，和平路、中兴路的行人安全设施比较完备，仅在街道连接处发生老年人交通事故；而火药局街、放牛巷等街道属于老旧小区的连接通道，行人设施较为缺乏，乱停车、占用人行道等现象频发，且没有设置人车隔离带，增加了老年人过街便利性的同时也增加了发生交通事故的风险。

Ⅱ号区域位于长江二路以北、李子坝正街-重庆天地区域，该区域拥有佛图关公园、大化步道等休闲娱乐场所，解放小学、渝中职业教育中心等学校以及以大坪医院为代表的医疗服务设施。作为重庆市首屈一指的三甲医院，大坪医院的医疗服务质量对老年人群体具有较高的吸引力。除此之外，大坪医院附近由于就医便利、周围的生活设施丰富，适合老年人居住，一定程度上增加了该区域的老年人流量。从路网来看，区域内部路网比较复杂，北面是嘉华大桥的立交桥，南面是渝中区的主要道路长江二路，车流量较大，增加了老年人的交通事故发生率。李子坝正街是联系渝中区和沙坪坝区的重要道路，且居住人口较多，有一定的人流量和车流量。但这条路为双向两车道，道路比较狭窄。由于道路两侧施工占用，人行道也很狭窄，并且没有设置人车隔离带，老年人只能在车行道上行走，增加老年行人的出行安全风险（表3-7）。

表3-7　高值集聚区域情况

区域	区域现状
Ⅰ号区域	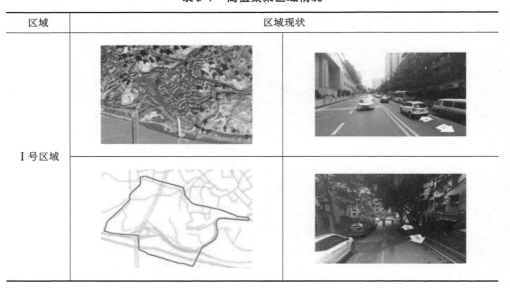

区域	区域现状	
Ⅱ号区域	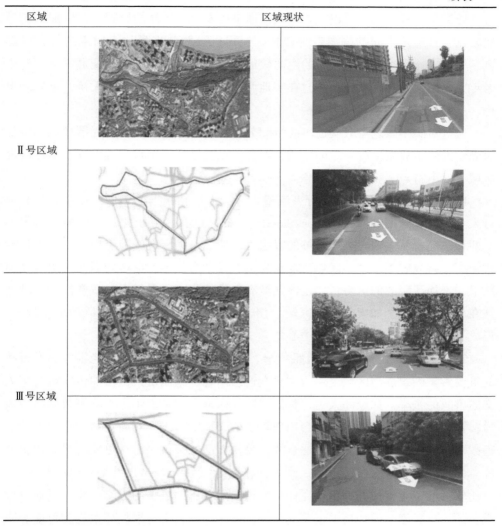	
Ⅲ号区域		

Ⅲ号区域位于大坪时代天街以北，与大坪时代天街紧紧相连。该区域用地比较单一，大部分区域是住宅用地，包括康德国际、莲花国际在内的住宅小区，仅有一小部分是公共服务设施用地。其中，康德国际菜市场是周围买菜购物的主要区域。大部分老年人承担了家庭买菜的任务，菜市场则成为了老年人日常购物的场所，老年人的流量大，增加老年人发生交通事故的概率。总体来说，该区域人流量大，且在此居住的人口数量大。从路网来看，该区域路网构成比较简单，但

区域位于渝中区主要道路经纬大道和长江二路的交汇处，加之区域商业属性显著，导致车流量较大，这也是老年人交通事故发生率较高的原因。该区域的街道比较宽，且道路中间的隔离带为植物，使司机可能忽视另一方向来的行人或车辆。另外，行人过街设施之间的距离较远，地下通道主要是轨道交通站点，对于老年人过街来说仍有不便。同时在实地调研中也发现，部分人行天桥并未安装电梯，不利于老年人使用人行天桥过街。

通过对渝中区老年人交通事故空间分布特征进行分析，发现周围环境的特征对老年人的事故发生有一定的影响，对各热点区域特征进行整理发现，事故高发区域有如下特点。

1）区域各类设施丰富，行人流量大。行人活动频繁的区域，往往有较高的行人与车辆碰撞概率（Loukaitou-Sideris et al.，2007）。一般来说，区域人流量大有两种情况：一是该区域有足够的吸引力，形成了强有力的吸引中心，如大坪时代天街、解放碑等，这些区域对老年人也有吸引力，导致更多的老年人出现在道路上，增加了事故的风险；二是该区域有大量的住宅，老年人的日常活动区域往往在居住区周围，如康德国际区域，住宅密度较高，老年人外出活动也比较多，形成了老年人交通事故的集聚中心。

2）区域内部路网复杂、道路狭窄。区域内部路网的构成是老年人交通事故的重要影响因素。当区域道路为主要交通道路时，车流量大，增加该区域老年人交通事故的频率，如经纬大道、长江二路等街道，均是老年人交通事故的高发街道；当区域支路比较多时，则会出现较多的交叉路口，一方面会增加老年人的过街频率，从而增加老年人的交通事故，另一方面交叉口多也有可能会提高司机的注意力，减少老年人交通事故。渝中区作为老城区，大部分道路是双向两车道，且比较狭窄，常常造成拥堵。在拥挤的道路上会出现更多的人车冲突，进而导致更多的人车碰撞，但拥挤的道路上，车行速度减慢，交通事故严重程度可能会降低（Daniel，2018）。

3）行人设施设置不合理，老年人过街不便。合理规划人行道、地下通道、人行天桥等行人基础设施，有助于行人安全（Lee et al.，2005），反之则会增加人车碰撞风险（Hwang et al.，2017）。渝中区大部分小区都比较老旧，随着旧城改造的推动，部分施工区域占用了人行道，导致部分老年人直接在车行道上行走，易发生碰撞。地下通道和人行天桥作为常见的过街设施，一般情况下设置在主要道路。有的地下通道比较复杂，叠加了购物、轨道交通站点等功能，且在地下通道中难以辨别方向，导致老年人通过地下通道过街不便，从而选择从地面上横穿马路。由于主要道路上本就车流量大、车速快，当存在地下通道和人行天桥等过街设施时，人行横道和红绿灯的设置会比较少，此时司机容易放松警惕，难以及时识别和躲避突然出现在道路上的老年人，从而引发更多的交通事故。

3.4 本章小结

本章通过对渝中区老年人交通事故数据进行分析，从老年人的个人属性特征、事故发生时的自然条件特征、事故发生地点的道路特征，以及事故发生的时间、空间等五个方面分析老年人交通事故特征，利用核密度分析和热点探测器对老年人交通事故点进行空间布局特征分析，进一步分析事故高发区域的建成环境，意在初步探索影响老年人步行安全的建成环境特征。对事故高发区域的建成环境进行分析发现，老年人交通事故高发区域主要有三个特征：区域内部各类设施丰富，人流量和车流量都较大；区域路网复杂，交叉口众多；区域人行横道、地下通道等行人设施设置不合理，并且存在交通管理薄弱环节。

第 4 章　建成环境对老年人步行活动的影响

参照第 2 章构建的建成环境指标体系，以问卷中老年人每日步行活动频次作为被解释变量，利用梯度提升回归树（gradient boosting regression tree，GBRT）模型，探究建成环境对老年人步行活动影响的非线性效应，同时搭建普通最小二乘法（ordinary least squares，OLS）模型、随机森林（random forest，RF）模型、极端梯度提升（extreme gradient boosting，XGBoost）模型，从拟合优度角度比较选择最佳模型。本章的建模与分析主要探究以下三部分内容：分析 GBRT 模型用于建成环境对老年人步行活动影响研究的适用性；分析建成环境各要素对老年人步行活动的影响；分析建成环境各要素对老年人步行活动的非线性关系及阈值效应。

4.1　建成环境对老年人步行出行影响机理模型

4.1.1　模型概述与适用性分析

以往关于建成环境对老年人步行活动之间关系的研究大多是利用线性回归模型。线性模型要保证模型的准确性需要满足一些统计上的基本假设，例如，线性关系假设，自变量与被解释变量间为线性关系；独立性假设，样本间相互独立；正态性假设，每个自变量的取值对应的因变量服从正态分布；同方差性假设，每个自变量的取值对应的因变量的方差相等。目前，学者开始关注建成环境与出行行为的非线性关系，机器学习算法在交通领域中也得到广泛的应用。如 Liu 等（2021）利用极限梯度提升回归树探究了建成环境与主动出行之间的非线性关系；Zhao 等（2020）利用随机森林模型，从预测和行为分析角度对出行方式进行建模，捕捉变量间的非线性关系。

4.1.2 模型原理

本章搭建了 OLS、随机森林、XGBoost、GBRT 四个模型，通过模型结果拟合优度比较，发现 GBRT 模型在本书建成环境对老年人步行活动的研究中表现更优，因此这里主要对 GBRT 模型原理进行描述，其他模型仅简要概述。

（1）梯度提升回归树（GBRT）模型

梯度提升回归树（gradient boosting regression tree，GBRT），是一种基于回归树的集成学习方法，通过组合多个弱回归树来构建一个更强大的预测模型（Friedman，2001）。相较于线性回归模型，GBRT 具有以下优势：①相较于多元回归模型，GBRT 更容易发现变量间的非线性关系，处理非线性特征的能力更强；②具有很好的可解释性，可以帮助解释模型的预测结果；③模型变量不需要遵循统计的基本假设，也不需要过多的数据前处理。同时，具有更好的鲁棒性，可以自适应地处理异常值和缺失值，不会对模型产生过多影响。

GBRT 通过使用梯度下降算法来最小化一个损失函数，使得后续的每个弱学习器都能够修正前一个弱学习器的错误，从而逐步提高模型的性能，理论上，梯度提升算法可以使用各种算法作为基学习器，因此具有良好的鲁棒性和可扩展性。该算法的核心是"伪响应"（pseudo response），使用基学习器 $g_m(x_i)$ 拟合为残差，计算最优梯度下降步长 r_{jm} 主要过程如下（Friedman，2001）：

初始化学习器：$f_0(x) = \mathrm{argmin}_r \sum_{i=1}^{N} L(y_i, \gamma)$

Step1：for m in 1, 2, …, M

Step2：for i in 1, 2, …, N

Step3：计算负梯度即残差 $r_{im} = -\left[\dfrac{\partial L(y_i, f(x_i))}{\partial f(x_i)}\right]_{f(x_i)=f_{m-1}(x_i)}$

Step4：end for

Step5：根据负梯度训练基学习器 $g_m(x_i)$

Step6：计算梯度下降的最优步长 $r_m = \mathrm{argmin}_a \sum_{i=1}^{N} L(y_i, f_{m-1}(x_i) + rg_m(x_i))$

Step7：更新模型 $f_m(x) = f_{m-1}(x) + r_m g_m(x)$

Step8：输出最终模型 $f_M(x)$

　　梯度算法与回归结合，即形成可用于分析回归问题的提升梯度回归树模型，图 4-1 为一个简单的回归树模型，模型中包含两个自变量 x_1、x_2 和一个因变量 y。首先，算法选择一个特征和一个分割点，将数据集分成两个子集。然后，在每个子集中递归地应用同样的分割过程，直到程序满足某些停止分割条件。停止条件通常是子集大小达到预定义的最小值，或者子集中的样本都具有相同的目标变量值。通过不断的区域分割实现对因变量的拟合。

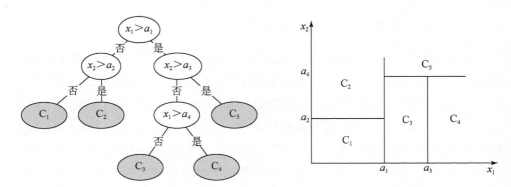

图 4-1　简单回归树示例

　　图 4-1 所建立的简单回归树，树深度为 3，包含 4 个分支点 a_1、a_2、a_3、a_4，特征空间被划分为 5 个区域，$C_m = \{C_1, C_2, C_3, C_4, C_5\}$，集合 C_m 为输出值，则该回归树可以表示为：

$$g_m(x) = \sum_{j=1}^{5} c_m I\{x \in C_m\} \tag{4-1}$$

式中，$I\{x \in C_m\} = \begin{cases} 1, & x \in C_m \\ 0, & 其他 \end{cases}$。

　　将回归树作为梯度提升算法中作为基学习器，则原有的迭代方程和负梯度下的最优步长由式（4-2）和式（4-3）计算：

$$f_m(x) = f_{m-1}(x) + r_m g_m(x) \tag{4-2}$$

$$r_m = \mathrm{argmin}_a \sum_{i=1}^{N} L(y_i, f_{m-1}(x_i) + rg_m(x_i)) \tag{4-3}$$

变更为式（4-4）和式（4-5）：

$$f_m(x) = f_{m-1}(x) + \sum_{m=1}^{M} r_m \hat{c}_m I(x \in C_m) \tag{4-4}$$

$$r_m = \text{argmin}_\gamma \sum_{i=1}^{N} L(y_i, f_{m-1}(x_i) + rg_m(x_i)) \qquad (4\text{-}5)$$

使用回归树作为基学习器模型的梯度提升回归树模型，通过求解损失函数 $L(y_i, f_{m-1}(x_i))$ 最小时的步长 r_m 实现模型更新。在使用多个回归树模型的梯度提升回归树模型进行训练时，训练误差通常很小。但是这可能是由于模型过于依赖训练数据，从而影响模型在新数据上的表现。在回归树增加的过程中，迭代次数同步增加。因此，当一个回归树模型受到某个样本误差影响时，造成训练集的微小扰动会随迭代次数的增加而放大。这些扰动可能会对模型的预测效果产生重大影响，降低模型的泛化能力，使得结论的普遍性受到质疑。因此，为控制每个回归树对结果的影响，引入学习率（ξ）来缩减模型的学习效率，以避免过度拟合，并提高模型的泛化能力。引入学习率后式（4-4）改进如下：

$$f_m(x) = f_{m-1}(x) + \xi \sum_{m=1}^{M} r_m \hat{c}_m I \quad (x \in C_m) \qquad (4\text{-}6)$$

式中，$\xi \in (0, 1]$ 为学习率，也称缩减参数；$\hat{c}_m$ 为特征空间上的最优值。

与传统统计模型相比，GBRT 能够拟合变量间的非线性关系，同时对于数据的要求更低，且具有更好的预测精度；与深度学习相比，GBRT 具有更强的解释性，能够对每个特征的重要性进行评估，并且可以将这些重要性排序，这样可以更好地理解模型对哪些特征最为敏感，有助于特征工程和理解数据。通过当第 j 个自变量的值随机排列在袋外样本时，测量平均增加误差以衡量第 j 个自变量的贡献程度，计算方法如式（4-7）和式（4-8）所示（Hastie et al., 2001）。

$$I^2(x^j) = \frac{1}{M} \sum_{m=1}^{M} I_{x_i}^2(D_m) \qquad (4\text{-}7)$$

$$I_{x_i}^2(D_m) = \sum_{j=1}^{J-1} d_j \qquad (4\text{-}8)$$

式中，j 为分支节点；m 为迭代次数；d_j 为当自变量 x_j 作为第 j 个分支节点的平方误差的提升量。

GBRT 算法不仅可以对数据进行预测，还可以通过生成部分依赖图（partial dependence plot）来直观展示因变量与自变量之间的关系，反映自变量对因变量的非线性作用，从而更好地理解模型的特征重要性和预测结果。建成环境因素 x_s 的部分依赖作用 $\bar{f}_s(x_s)$ 可通过式（4-9）和式（4-10）计算得到（Friedman, 2001）：

$$\bar{f}_s(x_s) = \frac{1}{N} \sum_{i=1}^{N} f(x_s, x_c) \tag{4-9}$$

$$f_s(x_s) = E_{x_c}[f(x_s, x_c)] \tag{4-10}$$

式中，x_s为目标解释变量；x_c为其他解释变量。

（2）极限梯度提升决策树（XGBoost）模型

极限梯度提升决策树（extrain gradient boosted decision tree, XGBoost）是一种基于 GBRT 算法的集成学习模型。由 Chen 和 Guestrin（2016）提出在 GBRT 的基础上，采用一些新的优化策略，如二阶泰勒展开法和加权最小二乘法等，以提高模型性能和训练速度。此外，XGBoost 还引入了正则化技术，以减少过拟合的风险。

在模型的迭代学习过程中，XGBoost 通过二阶泰勒展开丰富了梯度信息处理的过程，提高了基模型的学习质量。在模型训练过程中，对特征值进行排序再确定最佳分割点是一个庞大的计算过程，虽然 XGBoost 支持特征粒度的并行计算，并在模型训练之前对数据进行预排序以减少计算量，但仍然存在内存占用过高、计算资源消耗大等问题，尤其在面对大规模数据时表现不佳。

（3）随机森林（RF）模型

随机森林（random forest, RF）是一种集成学习算法，由 Breiman（2001）提出，其基本思想是通过构建多个决策树来进行分类或回归，并利用每棵树的结果进行综合判断。与传统的决策树相比，随机森林中的每个决策树都是在不同的随机样本和特征子集上构建的，因此具有较强的泛化能力和鲁棒性。训练过程包括两个随机化步骤：首先，随机从训练集中有放回地抽取一定数量的样本，形成一个新的训练子集；其次，随机从所有特征中选择一定数量的特征组成一个特征子集，用于决策树的构建。每个决策树的生成过程是基于对新的训练子集和特征子集的递归划分，以最大化各个节点的信息增益或基尼系数为目标。

在数据维度较高的情况下，随机森林模型中包含大量决策二叉树，最大树深过大，则呈现杂乱的状况，因此不能满足清晰可视化和模型解释性需求。

（4）普通最小二乘法（OLS）

普通最小二乘法（ordinary least squares, OLS）回归模型是一种经典的线性回归模型，用于研究因变量和自变量之间的关系问题。其原理是通过最小化残差平方和来估计回归系数，使得回归方程的预测值与实际值之间的误差最小。OLS回归模型的基本假设包括线性关系、常数方差、独立性、正态分布等。在进行OLS回归分析时，需要先确定自变量和因变量之间的函数形式，如一次线性函数或二次函数等，然后计算回归系数、残差平方和及相关统计量。OLS回归模型的优点是计算简单、易于解释和使用。同时，OLS回归模型也存在一些限制，如需要满足基本假设、存在多重共线性、不能直接处理非线性关系。

4.1.3 评价指标

本章中所有模型均以相同比例划分数据集，从而保证结果具有可比性。在构建模型时，将老年人步行活动中的所有样本随机分割出80%作为训练集，20%作为验证集。利用以下三个常用机器学习回归模型评估指标对模型进行评估。

（1）平均绝对误差

平均绝对误差（mean absolute error，MAE）衡量预测值与真实值之间误差，表示绝对误差的平均值，直观反映平均误差值大小。当MAE为0时，表示预测值与真实值完全一致。MAE越大，模型误差越大。测度方法如式（4-11）所示：

$$MAE = \frac{1}{N} \sum_{i=1}^{N} |y_i - \hat{y}_i| \qquad (4-11)$$

（2）均方根误差

均方根误差（root mean square error，RMSE）由均方误差衍生而来，通常均方误差用于衡量数据本身离散情况，而均方根误差则用于衡量预测值与真实值间的误差。相较于均方误差，具有更好的数据解释性，同时具有较好的误差敏感性，能够较为准确地反映预测精度，其值越小，表示预测值越接近真实值。测度方法如式（4-12）所示：

$$RMSE = \sqrt{MSE} = \sqrt{\frac{1}{N} \sum_{i=1}^{N} (y_i - \hat{y}_i)^2} \qquad (4-12)$$

（3）调整 R^2

调整 R^2（Adjust_R^2）考虑了模型的复杂度对 R^2 的影响，避免了模型过度拟合的问题。在模型选择时，如果只考虑 R^2，可能会倾向于选择复杂的模型。其值越大，模型拟合效果越好。测度方法如式（4-13）所示：

$$Adjust\_R^2 = 1 - \frac{(1-R^2)(N-1)}{N-k-1} \qquad (4-13)$$

式中，k 表示特征个数；N 为样本个数；$R^2 = \sum_i (y_i - \hat{y}_i)^2 / \sum_i (y_i - \bar{y}_i)^2$，$y_i$ 为真实值，$\hat{y}_i$ 为预测值；$\bar{y}_i$ 为均值。

4.2　变量描述与共线性检验

4.2.1　变量选取

在第 2 章建成环境对老年人步行活动影响研究文献综述的基础上，本章从建成环境和个体属性两方面分析步行活动的影响，变量参照 3.2 节中的建成环境指标体系，由土地利用、设施临近性、道路设施、社会经济四个方面构建。土地利用通过各类土地利用类型占比、土地利用混合度、建筑密度、容积率表征；设施临近性由公共交通、日常活动设施、生活服务设施、休闲娱乐设施的密度或距离表征；道路设施由路网密度、交叉口密度、人行天桥数量、地下通道数量表征；社会经济以人口密度、老年人口密度、就业密度、房价表征。个体属性由性别、年龄、个人收入、受教育程度来表征（表 4-1）。

4.2.2　共线性检验

在进行数据分析之前，需要对自变量之间的相关性进行分析并排除相关性过强的变量。首先，对自变量进行 Pearson 相关性分析。结果显示，人口密度与老年人口密度、建筑密度与容积率之间表现为高度相关（图 4-2）。因此，后续在线性模型中剔除了老年人口密度和建筑密度变量，保留其他自变量。而对于 GBRT 模型而言，它不受多重共线性的影响，可以将所有变量都纳入模型中。对于其他有独立性假设的模型，则排除相关性过强的变量进行分析。变量的描述性统计如表 4-2 所示。

表 4-1　老年人步行活动影响变量

属性	类型	变量
建成环境	土地利用	公共服务设施用地占比、商业服务设施用地占比、居住用地占比、绿地与广场用地占比、土地利用混合度、建筑密度、容积率
	设施临近性	公交站点数量、购物设施数量、休闲娱乐场所数量、学校数量、医院数量、到菜市场距离、到公交站点距离、到公园距离、到医院距离
	道路设施	地下通道数量、人行天桥数量、路网密度、交叉口密度
	社会经济	人口密度、老年人口密度、就业密度、房价
个体属性	—	性别、年龄、收入、受教育程度
被解释变量	—	老年人步行活动频次

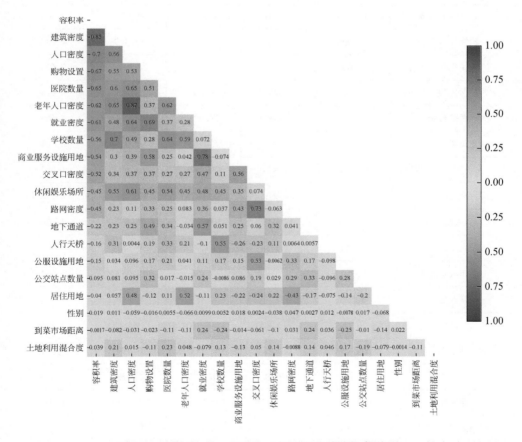

图 4-2　变量 Pearson 相关性（仅列出相关性较高变量）

表 4-2　变量统计描述

变量	最大值	最小值	平均值	标准差	VIF
公共服务设施用地占比	0.069	0.000	0.015	0.016	2.280
商业服务设施用地占比	0.452	0.000	0.117	0.093	5.459
居住用地占比	0.697	0.042	0.260	0.108	4.175
绿地与广场用地占比	0.391	0.002	0.128	0.109	3.608
土地利用混合度	0.852	0.393	0.662	0.074	1.720
建筑密度	0.394	0.067	0.239	0.066	—
容积率	4.774	0.571	2.162	0.784	6.483
公交站点数量	13.000	1.000	6.400	2.464	1.765
购物设施数量	82.000	3.000	38.044	15.449	4.232
休闲娱乐场所数量	46.000	0.000	12.234	8.062	2.625
学校数量	12.000	0.000	5.406	2.443	5.939
医院数量	48.000	0.000	18.221	9.755	4.505
到菜市场距离	464.684	0.062	139.63	97.429	2.004
到公交站点距离	315.044	14.844	138.071	61.637	1.687
到公园距离	871.161	24.270	295.975	195.056	2.590
到医院距离	550.152	12.942	105.278	78.873	2.030
人口密度	3.621	0.468	1.897	0.687	—
老年人口密度	0.391	0.038	0.168	0.063	7.884
就业密度	4.323	0.277	1.525	0.859	—
房价	26 241	8 472.400	12 329.01	3 085.231	2.304
地下通道	16.000	0.000	2.943	3.499	3.461
人行天桥	11.000	0.000	1.857	2.355	3.883
路网密度	13 557.580	2 904.439	7 812.436	1 833.706	4.204
交叉口密度	70.000	2.000	22.349	13.214	6.760

注：表中仅对连续型变量进行描述性统计。

4.3　模型构建与评价

4.3.1　GBRT 模型构建

采用 sklearn 工具包中 GradientBoostingRegressor 工具来实现 GBRT 模型的构建。此外利用 GridSearchCV 工具对模型进行参数调整（表4-3），包括损失函数、学习率、最大树深等参数。

表 4-3　GBRT 重要参数介绍及取值

参数名称	含义	作用	取值
learning rate/eta	学习率	控制基学习器权重调整速度	0.01
max_depth	最大树深	决定每棵树的复杂程度，从而影响过拟合	8
loss	损失函数	对于回归模型，可选项有 ls、lad、hunder 等	ls
n_estimators	基学习器数量	增加基学习器数量可以提高模型的拟合能力和预测性能，但也会增加算法的计算复杂度和运行时间	300

采用网格搜索法（grid search），对 GBRT 模型进行调参，利用 sklearn 中的 GridSearchCV 工具实现，该方法通过穷举搜索不同参数组合，以最小化误差为目标，从而寻找最佳的参数组合。具体步骤包括确定需要调整的参数、调节范围和步长，利用这些参数来训练学习器，并在测试集上搜索最佳参数组合，从而提高模型的准确性和鲁棒性。在进行参数寻优的过程中，使用五折交叉验证，增加模型的稳定性能。模型训练中迭代过程如图 4-3 所示，训练集、测试集均方误差百分比均呈现一致的下降趋势，表明模型参数设置得当，未出现过拟合现象。

五折交叉验证（cross validation，CV），表示将数据集随机分成 5 个等大小的子集，并使用每个子集轮流作为测试集，其余 4 个子集作为训练集，重复 5 次（图 4-4）。最终所有的测试结果被平均得出一个最终的评估指标。相较于单次测试，可以更全面地评估模型的性能，因其使用了所有可用的数据进行训练和测试，减少了训练集和测试集之间的偏差。此外，由于每个样本都被用于测试和训练，所以可以更好地检测模型是否过拟合或欠拟合。

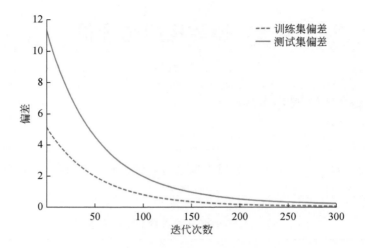

图 4-3 GBRT 模型迭代过程的偏差

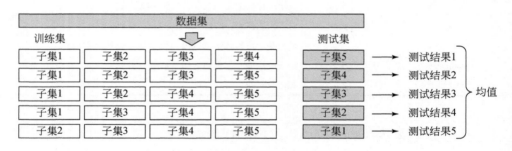

图 4-4 五折交叉验证法

4.3.2 其他对比模型构建

（1）随机森林

采用 sklearn 工具包中 RandomForestRegressor 实现随机森林模型的构建。利用 GridSearchCV 进行超参数调节。参数调节中，设置初始学习率为 0.01，调整范围为 0.01 ~ 0.10，步长为 0.02，最大树设置调整范围 3 ~ 12，步长为 1，n_estimators 设置调整范围 100 ~ 400，步长为 50，发现取值为表 4-4 所示时，取得最佳性能。

表 4-4 随机森林重要参数介绍及取值

参数名称	含义	作用	取值
learning rate/eta	学习率	控制基学习器权重调整速度	0.05
max_depth	最大树深	决定每棵树的复杂程度，从而影响过拟合	7
criterion	评价指标	模型评价指标，gini、entrop 等	gini
n_estimators	决策树的数量个数	值越大，精确度越好，但是当大于特定值之后，带来的提升效果非常有限	250
min_child_weight	叶子节点	每个叶子节点的最小样本数量	5

（2）XGBoost

XGBoost 采用 xgboost 工具构建，应用 5 折交叉验证增加模型结果的稳健性，采用网格搜索法确定最佳参数估计值，对学习率、最大树深、学习器个数、最小叶子节点数量进行参数调节，参数介绍及最佳参数取值如表 4-5 所示。

表 4-5 XBGoost 重要参数介绍及取值

参数名称	含义	作用	取值
learning rate/eta	学习率	同 GBRT、随机森林	0.03
max_depth	最大树深	限制树深，防止过拟合	7
criterion	评价指标	模型评价指标，gini、entrop 等	gini
n_estimators	决策树的数量个数	同 GBRT、随机森林	200

4.3.3 评价结果

在对所有模型参数进行优化并使用最佳模型计算出每个模型评价指标后，对每个模型在建成环境对老年人出行影响中的表现进行比较分析，探讨各模型效果。由于训练集可能存在过拟合问题，故将所有模型验证集得出的结果进行对比。由表 4-6 可知，GBRT 模型 MAE 与 RMSE 均小于其他对比模型，且 Adjusted_ R^2 值最大，综合各项评价指标，发现 GBRT 模型表现更好。

表 4-6　模型性能评价

选用模型	MAE	RMSE	Adjusted_R^2
OLS	1.043	1.663	0.245
随机森林	0.497	0.635	0.382
XGBoost	0.443	0.598	0.380
GBRT	0.437	0.586	0.405

4.4　模型结果分析

4.4.1　特征重要性分析

既有研究表明，基于树模型的集成算法能够较好地评估变量的特征重要性。GBRT 模型是以回归树为基学习器的集成算法，能够准确捕捉变量的特征重要性。本书基于 GBRT 内置参数，对建成环境对老年人步行活动影响的建成环境变量与个人属性变量的重要性进行排序和分析。通过对各个自变量在 GBRT 模型中的影响程度进行排名，可以更加准确地了解到哪些自变量对因变量的影响最为明显，从而更好地为后续的预测和决策提供依据。由表 4-6 可知，随机森林模型、GBRT 模型的模型表现较好，因此利用这两种模型进行特征重要性分析。然后使用的特征重要性函数 gbdt.feature_importances_、rfr.feature_importances_ 分别绘制出 GBRT、随机森林模型的变量重要性条形图，并且按重要性进行排序，结果如图 4-5 所示。

由图 4-5 可知，随机森林绘制的变量重要性排序中，受教育程度、个人收入、年龄、商业服务设施用地、到医院距离对老年人步行活动频次的影响较大，而缓冲区内地下通道、学校数量、人行天桥的影响相对较小。通过 GBRT 模型绘制的变量重要性排序图与随机森林绘制结果较为相似，对老年人步行活动影响较大的变量依次是个人收入、土地利用混合度、商业服务设施用地、居住用地，年龄、受教育程度。两种模型结果中，在相对重要性排序前 10 的变量中，仅人口密度与公共交通密度不同，结合模型性能评价结果，采用 GBRT 模型为后续解释性分析的基准模型。

通过计算构建决策树过程中某自变量分裂后所带来的信息增益（information gain），即可衡量该自变量在单棵树中的重要性。具体而言，构建决策树时，将

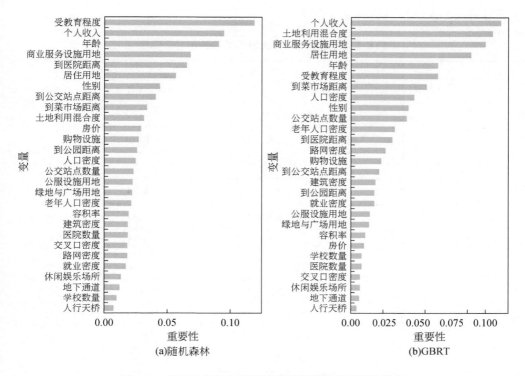

图 4-5　变量对老年人出行活动时间的相对重要性排序

数据集根据自变量进行分割，然后计算分割后的两个子集的不纯度差异。接着，对比计算出每个自变量进行分割后的差异值，并选取差异值最大的自变量进行分割。不断重复这个过程，直到分割的效果达到最优。通过计算每次分割后的差异值，可以量化自变量对老年人步行活动的相对重要度，进而了解到哪些因素对决策起着至关重要的作用，自变量相对重要度总和为 100%。以 GBRT 为基准模型输出的变量对老年人步行活动的相对重要性排序如表 4-7 所示。由表 4-7 可知，整体而言，建成环境的相对重要性更高，对老年人步行活动具有更重要的影响。建成环境变量（相对重要性总计 71.59%）整体上对模型的贡献要高于个体属性变量（相对重要性总计 28.41%）。这与 Yang 等（2021）对中国香港老年人的步行时间研究结果类似，其研究显示，老年人选择步行主要是建成环境的作用，其次是社会人口统计特征。尽管如此，个体属性仍然具有重要意义。从单个变量看，个人收入排名第一，收入是受访者经济水平的重要体现，反映其经济状况与消费能力。其他个体属性变量的相对重要性也均排在前 10，表现出其在单独考虑时对老年人步行活动的显著影响。

表 4-7　自变量对老年人出行活动的相对重要性

类型	变量	GBRT	
		相对重要性（%）	排序
土地利用 （35.23%）	土地利用混合度	10.53	2
	商业服务设施用地比例	10.01	3
	居住用地	8.96	4
	建筑密度	1.84	16
	公共服务设施用地	1.41	19
	绿地与广场用地	1.37	20
	容积率	1.10	21
设施临近性 （21.30%）	到菜市场距离	5.64	7
	公交站点数量	4.13	10
	到医院距离	3.10	12
	购物设施	2.26	14
	到公交站点距离	2.11	15
	到公园距离	1.76	17
	学校数量	0.82	23
	医疗数量	0.80	24
	休闲娱乐场所	0.69	26
道路设施（4.34%）	路网密度	2.57	13
	交叉口密度	0.69	25
	地下通道	0.63	27
	人行天桥	0.45	28
社会经济（10.72%）	人口密度	4.72	8
	老年人口密度	3.27	11
	就业密度	1.75	18
	房价	0.98	22

续表

类型	变量	GBRT	
		相对重要性（%）	排序
个体属性（28.41%）	个人收入	11.15	1
	年龄	6.49	5
	受教育程度	6.48	6
	性别	4.28	9

对于建成环境的具体影响：从变量类型来看，土地利用的相对重要性最高，占35.23%。这与Ewing（2001）和Gim（2013）的结论类似。说明在建成环境中，老年人步行活动主要受土地利用要素的影响，反映了城市用地的干预措施在鼓励老年人步行方面的关键作用。道路设施的相对重要度最小，累计占比仅为4.34%。

进一步分析单个建成环境变量，土地利用混合度是土地利用要素中影响老年人步行活动最重要的因素，其相对重要性占比为10.53%。其次是商业服务设施用地（10.01%）和居住用地（8.96%）。在设施临近性要素中，影响较大的变量包括到菜市场距离（5.64%）、公共交通站点数量（4.13%）以及到医院距离（3.10%）；在社会经济要素中，人口密度（4.72%）与老年人口密度（3.27%）的相对重要性更高。

4.4.2 单变量影响效应分析

GBRT算法内嵌的部分依赖图（partial dependence plot，PDP）显示了自变量对模拟拟合的边际效应，即假设其他指标不变，某一建成环境指标与老年人步行活动的关系。本研究选取了相对重要性较高的建成环境变量，用于展示老年人步行活动与建成环境之间的非线性关系。

（1）土地利用对老年人步行活动影响的非线性效应

A. 土地利用混合度

土地利用多样性（居住、商业、教育、娱乐和公共服务）增加了出行活动的可能性，土地利用混合度好的街区往往与步行出行的大范围非居住目的地相关，有利于步行出行（Duncan et al.，2010）。本书中发现，土地利用混合度是影响老年人步行活动的重要因素，并且具有明显的非线性影响。当混合度值小于0.58时，随着混合度增加，老年人步行活动频次也增多（图4-6）。在混合度值为0.58~0.65时，尽管存在波动，但整体趋势显示出负相关关系，老年人步行活动随着土地利用混合度增加而减少，表明中等水平土地混合利用对老年人步行活动具有抑制作用。但是，当土地利用混合度超过0.65时，步行频次减少。可能原因是在高度混合的地区，更容易到达多个出行目的地，从而减少了步行活动（Kamruzzaman et al.，2016）。Tao 等（2020）的研究也表明超高的土地利用混合熵值对城市步行活力呈负面影响。

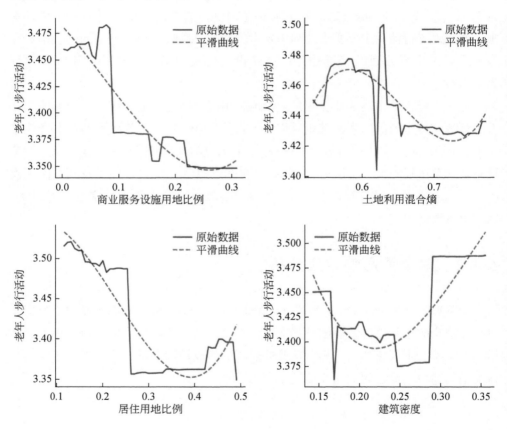

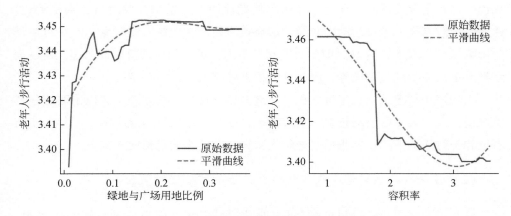

图4-6　土地利用相关变量对老年人步行活动的影响

B. 土地利用类型占比

商业服务设施用地占比对老年人步行活动具有明显的非线性影响。当占比小于0.25时，老年人步行活动随着商业用地比例的增加而减少。当占比大于0.25时，随着商业用地比例的增加，老年人的步行活动水平缓慢增加，但维持在较低水平。老年人倾向于在公园绿地、广场等休闲用地活动，过高的商业用地比例可能限制了老年人步行活动的机会。这一结论也得到了实地调研的支持，在渝中区的几个商业活动中心少有老年人活动。

居住用地占比的影响效应大致可以分为两个阶段：当居住用地比例低于0.26时，与老年人步行活动呈负相关，但仍维持在较高水平；而当居住用地比例超过0.26时，老年人步行活动基本稳定在较低水平状态。可能的原因是，当居住用地比例过大时，绿化、休闲等功能有所降低，老年人步行活动空间范围受到损害。

绿地与广场用地对老年人步行活动呈正向影响。绿地与广场用地的增加，增加了老年人的步行活动空间，老年人在这样的环境下感到更加舒适，这与Julien（2015）之前的研究一致，公园、广场与绿地是老年人主要步行活动空间。当绿地与广场用地比例达到0.2时，影响达到恒定，这与Yang等（2021）利用街景对老年人步行倾向的研究结果相似，绿地对老年人步行具有正向影响，但超过阈值范围，正向相关不再成立。

C. 土地利用强度

建筑密度为建筑占地面积除以地块面积，反映区域内建筑的密集程度。一般来说，建筑密度较低时，绿化、休闲等功能性用地会增加，此时居住会更舒适。建筑密度对老年人步行活动的非线性影响效应显示，建筑密度对老年人步行活动的影响呈 U 形关系，这与之前的研究有所不同，可能的原因是较高的建筑密度表示拥有更加完善的基础设施，因此并未损害老年人步行活动空间。

容积率是指建筑物总建筑面积与用地面积之比。容积率在 1.8 以下时居住环境舒适，老年人步行活动较多。当容积率过高时，居住舒适度下降，老年人步行意愿和步行活动下降，容积率对老年人步行活动的影响呈负向影响。

（2）设施临近性对老年人步行活动的影响的非线性效应

既有研究表明，靠近目的地/设施能够促进老年人步行活动（Ribeiro et al.，2013）。在对渝中区建成环境对老年人步行活动的非线性影响效应分析中，存在部分设施临近性变量与既往的研究结果并不一致的情况（图4-7）。

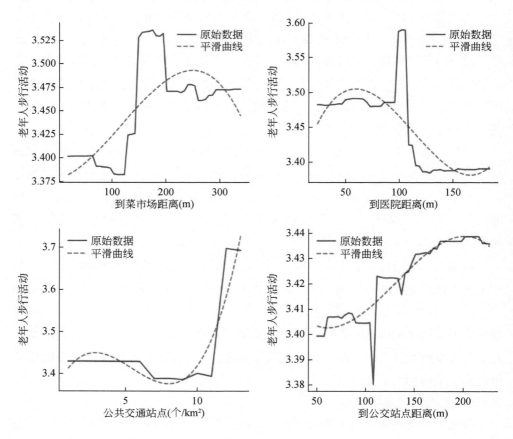

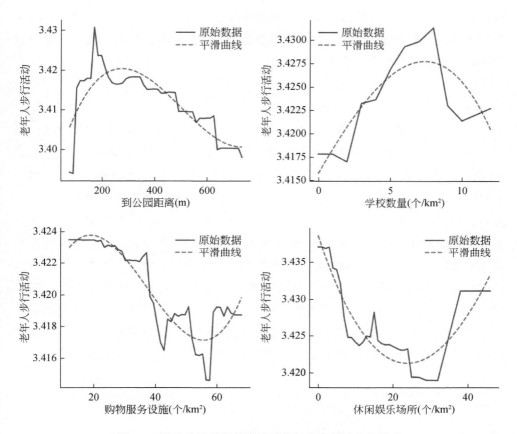

图 4-7　设施临近性相关变量对老年人步行活动的影响

　　到菜市场距离对老年人步行活动的影响呈现非线性特征，影响可以分为两个区间：当距离小于 200m 时，老年人步行活动水平与距离呈正相关；当距离超过 200m 时，表现为负向影响。这表明老年人倾向于选择步行前往近距离的菜市场进行采购，当菜市场距离较远时，步行前往菜市场购物的意愿下降。

　　在公共交通方面，到公共交通站点距离、公共交通站点数量对老年人步行活动起积极作用，这与 Zhang 等（2019）的研究结果一致，公共交通在老年人的日常出行中起重要作用，有助于老年人步行活动。乘坐公共交通通常是步行到公交站点或地铁站点，步行也是公共交通出行的组成部分。因此，更好的公交可达性有助于增加老年人步行活动。公共交通站点数量对老年人步行活动的影响呈现非线性关系。当站点数量少于 10 个时，老年人的步行活动水平处于较低水平；而当站点数量超过 10 个时，步行活动水平与站点数量之间几乎呈线性正相关。与

Cheng 等（2020）研究相似的是，公共交通对老年人步行出行呈现明显的非线性影响效应，只有当缓冲区内公共交通站点达到一定数量时，公共交通站点才会对老年人步行活动产生积极影响。

（3）道路设施对老年人步行活动的影响的非线性效应

道路设施中路网密度和交叉口密度对老年人步行活动的影响如图4-8。路网密度及交叉口密度对老年人出行时间呈正向影响，当路网密度数值达到9000m/缓冲区时，对老年人步行活动呈负向影响，这与 Kim 和 Ulfarsson（2004）的研究类似。可能是由于密集和复杂的路网结构，增加了老年人在步行时面临的障碍，同时也降低了他们步行时的安全感，从而导致了步行活动的减少。当缓冲区内交叉口密度从0增至30时，老年人步行活动大幅度增加。合适密度地连接街道交叉口，能够为步行者提供更多的路线选择缩短目的地，因此对步行出行呈正向影响。当缓冲区内交叉口密度持续增加，则对老年人步行活动产生负向影响，Yang（2021）的研究也得出类似结论，但 Yang 的研究中对这一结果的解释并不清晰。本书结合问卷调查情况发现，过高的道路交叉口密度增加了老年人步行的不安全感，因此过高的交叉口密度对老年人步行活动呈负向影响。

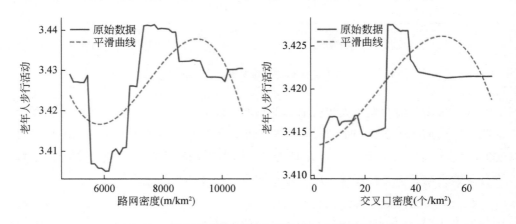

图4-8　道路设施相关变量对老年人步行活动的影响

（4）社会经济对老年人步行活动的影响的非线性效应

社会经济相关变量（人口密度、老年人口密度、就业密度）对老年人步行活动的影响如图4-9所示。人口密度对老年人步行活动的影响效应呈 U 形。当人口密度超过 15000 人/km² 时，老年人的步行活动开始快速增加，可能的原因是人口密度高的区域经济更活跃，社会基础设施更加完善，有利于老年人就近步行活动。

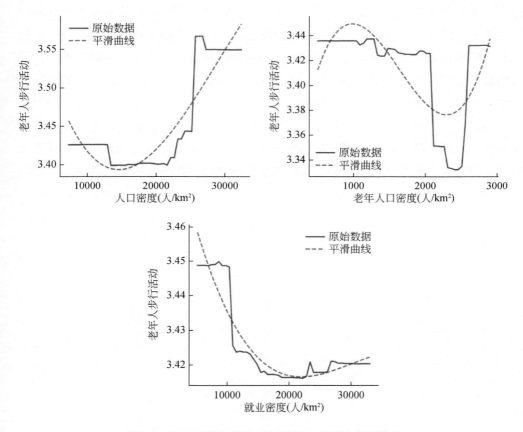

图 4-9　社会经济相关变量对老年人步行活动的影响

就业密度对老年人步行活动呈负向影响，即更高的就业密度不利于老年人步行活动。对渝中区就业密度较高的区域研究发现，就业密度较高的区域通常为商业中心，这些区域商业发达，人流量大，但缺少可供老年人活动的空间，因此对老年人步行活动呈负向影响。

4.5 本章小结

　　本章主要探究了建成环境对老年人步行活动的影响。通过使用梯度提升回归树模型、随机森林模型、XGBoost 模型以及线性回归模型（OLS）来建模，并比较它们的拟合度。结果表明，非线性回归模型的拟合度远高于线性回归模型，说明非线性回归模型更适用于建立反映建成环境与老年人步行活动之间关系的模型。同时，GBRT 模型在所有模型中，MAE、RMSE、Adjust_R^2 指标均表现最佳，Adjust_R^2 为 0.405。GBRT 模型输出变量的相对重要性排序结果表明，建成环境对老年人步行活动具有重要影响。此外利用部分依赖图可视化变量间的非线性关系，可以观察到建成环境变量对老年人步行活动均存在明显非线性影响。

第 5 章 建成环境对老年人步行安全的影响

步行是老年人出行及体力活动的主要方式,然而老年人在步行活动的过程中极易受到汽车碰撞的伤害。因此,探究建成环境与老年人交通事故之间的关系,有助于深入理解城市建成环境对老年人步行安全的影响,为通过城市规划手段减低老年人步行安全事故的发生提供参考依据。建成环境对老年人交通事故的影响主要包括两个方面:一是对交通事故严重程度的影响,二是对交通事故频率的影响。本章主要对后者进行探讨。针对现有建成环境对老年人步行安全的影响缺少出行视角下"建成环境–步行活动–步行安全"完成的事故路径及缺乏建成环境要素的考量,本章系统考虑土地利用、设施临近性、道路设施、社会经济等建成环境要素,以建成环境对老年人步行活动互动关系的中介效应为切入点,构建"建成环境–步行活动–步行安全"的研究框架,探究建成环境对老年人步行安全的影响。本章的建模与分析主要探究以下三部分内容:分析建成环境要素中土地利用、设施临近性、社会经济、道路设施是否对老年人交通事故存在统计学意义;分析建成环境各要素对老年人步行安全的影响程度和影响方向;验证"建成环境–步行活动–步行安全"研究路径,即老年人步行活动是否在建成环境对老年人步行安全影响机制中存在中介影响。

5.1 建成环境对老年人步行安全影响路径模型

5.1.1 模型概述与适用性分析

中介(mediation)效应模型能够揭示自变量 X 如何通过机制变量 M 实现对因变量 Y 的影响,与回归分析相比较,中介效应模型结果更加深入,能够解析自变量对因变量影响的作用过程和机制，在社会学领域得到了广泛的应用（温忠麟等，2022）。近年来，交通领域也开始使用中介效应模型。Sümer（2003）提出了一个介导模型探究心理症状对驾驶员行为的间接作用。Gargoum 和 El-Basyouny（2016）使用路径分析来模拟道路平均速度与车辆碰撞频率之间的关系，结果表明存在部分变量通过速度介导影响安全性。Zhang 等（2018）使用中介效应分析研究了交通气候尺度与驾驶者个性和危险驾驶行为的关系。Huang 等（2018）利用大型出租车浮动车数据评估交通拥堵相关的负面情绪如何影响驾驶者的速度选择，同时使用中介分析方法评估交通延误对巡航速度调整的间接影响。Kamel 等（2019）采用贝叶斯中介分析评估交通网络、土地利用和道路设施对自行车暴露的影响而对车辆碰撞产生的中介效应。中介效应模型可以分析自变量影响的过程和作用机制，与仅能分析自变量与被解释变量关系的类似研究相比，中介分析具有诸多优势，不仅在方法上实现了进步，而且能够获得更加深入和丰富的研究结果（温忠麟等，2014）。现有建成环境对老年人步行安全的研究，多是对事故严重程度、事故频率的直接考虑，缺乏出行视角下"建成环境–步行活动–步行安全"完整的研究路径。因此，本章研究采用中介效应模型探究步行活动在建成环境对老年人步行安全影响中的中介效应。

中介变量（mediator）。当自变量 X 通过中介变量 M 影响因变量 Y 时，即可称 M 为 X 和 Y 之间的中介变量（Judd and Kenny，1981）。探究中介效应是在已知 X 对 Y 有影响的前提下，进一步探索影响关系的内部作用机制。既有研究已经证实建成环境对步行交通事故的影响，步行活动也是影响交通事故的重要因素之一，因此中介效应模型适用于本书关于建成环境对老年人交通事故的探讨。

本书主要用到简单中介效应模型（Baron and Kenny，1986），如图 5-1 所示，模型（Ⅰ）表示自变量 X 对因变量 Y 的影响，模型（Ⅱ）表示自变量 X 对中介

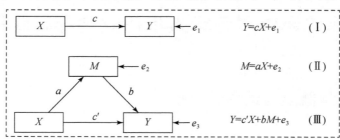

图 5-1　简单中介模型示意图

变量 M 的影响，模型（Ⅲ）表示自变量 X 和中介变量 M 共同对因变量 Y 的影响。将模型（Ⅱ）代入到模型（Ⅲ）中得到式（5-1）：

$$Y = c'X + b(aX + e_2) + e_3$$
$$= c'X + abX + e_4 \tag{5-1}$$

式中，系数 c 表示自变量 X 对因变量 Y 影响的总效应；ab 表示变量 X 对变量 Y 的中介效应，即变量 X 通过中介变量 M 对变量 Y 的影响；c' 表示 X 对 Y 的直接效应。

5.1.2　中介效应检验

中介效应模型可以在回归模型的基础上进行更深层次的研究。如何判定中介变量 M 在自变量 X 对 Y 的过程是否起中介作用呢？现有中介效应检验的方法可划分为三类：依次检验法，差异系数法，乘积系数法。

（1）依次检验法

依次检验法是广泛采用的检验方法，也叫逐步检验回归系数法，通过对系数 a 和系数 b 的值判断中介效应是否存在（Baron and Kenny，1986）。该方法将中介检验分为以下三个步骤：第一步，检验自变量与因变量的关系，即自变量对因变量的总效应系数 c；第二步，检验自变量与中介变量的关系，即模型（Ⅱ）的系数 a；第三步，控制自变量后，检验中介变量 M 与因变量 Y 的关系。判定依据为：①系数 c 显著，则说明 X 对 Y 存在显著作用；②系数 a 显著，则说明 X 对 M 存在显著作用，且系数 b 显著，系数 c' 小于系数 c。

同时满足以上两个条件，则中介效应显著；此外，由模型（Ⅲ）中 c' 的显著性判定中介效应的类型，若系数 c' 显著，则属于部分中介效应，反之则为完全中介效应。

依次检验法的优势在于提供了一种系统的方法来检验中介效应，并可以控制一些其他可能的影响因素。同时，这种方法也可以帮助研究者了解中介效应的具体作用机制，从而更好地解释研究结果。但近年来依次检验法受到学者的质疑，甚至认为应该摒弃，主要有以下理由：依次检验效力较低，仅能检验出一种情况的中介路径，存在遗漏中介效应的可能性最大，犯第一类错误的概率较高；依次检验是建立在 X 对 Y 存在影响的前提下，但在实际数据中，若同时存在大小相等且互为正负的中介效应，则中介效应可能会相互抵消，导致 X 对 Y 不存在显著性影响［即模型（Ⅰ）中系数 c 不显著］；此外，依次检验法需要足够大的样本量来保证可靠性，否则结果可能会受到抽样误差的影响。

（2）差异系数法

差异系数法中介效应检验的核心在于检验 $c-c'$ 的显著性（即检验 H_0：$c-c'=0$），其关键在于计算 $c-c'$ 的标准误（温忠麟等，2004）。由于差异系数法在 a 或 b 不全为 0 时，无法检验中介效应。该方法应用范围较为局限，因此在中介效应的研究中较少使用差异系数法。

（3）乘积系数法

乘积系数法是直接对中介效应 ab 进行显著性检验，相较于依次检验法，无需以模型（Ⅰ）中系数 c 显著为前提，从而避免了同时存在正负且相等的潜在中介效应的问题（Hayes and Preacher，2014）。此外，乘积系数法可以直接估计中介效应 ab 的点估计和置信区间，具有更高的检验力，更容易检测出中介效应，因此在中介效应检验中更受青睐。

根据中介效应的抽样分布方式，可将乘积系数法分为两类：Sobel 检验法和不对称置信区间法。Sobel 检验法要求中介效应分布为正态分布，由于实际样本很难满足正态分布条件，因此会更多地运用不对称置信区间法。不对称置信区间法不受中介效应的抽样分布为正态分布的前提限制，不对称置信区间法包括 Bootstrap 法和乘积分布法。相较于乘积分布法，Bootstrap 更为简便且使用限制小，因此使用更为广泛。

Bootstrap 中介效应检验的优势在于，基于 Bootstrap 重复抽样的方法，直接估计中介效应的置信区间，从而提高中介效应检验的精度和准确性。此外，Bootstrap 中介效应检验限制条件小，无需遵守正态性假设，样本要求较小。利用 Bootstrap 进行中介效应检验流程如图 5-2 所示，步骤如下。

第一步，检验直接自变量对因变量影响的总效应，即系数 c；

第二步，检验模型（Ⅱ）中的系数 a 及模型（Ⅲ）中的系数 b，若 a、b 皆显著，则中介效应显著，进入第四步，若有一项不显著，则进行第三步检验；

第三步，利用 Bootstrap 检验 ab 显著性，如果显著则中介效应显著，否则停止分析。判定方法为将置信区间与 0 进行比较，如果置信区间不包含 0，则拒绝原假设，认为中介效应是显著的；

第四步，检验自变量对因变量的直接效应 c'，若直接效应不显著，说明仅存在中介效应，若显著则进入第五步判定；

第五步，通过对比 ab 和 c 的符号判定中介效应类型，同号则为部分中介效应，异号为遮掩效应。

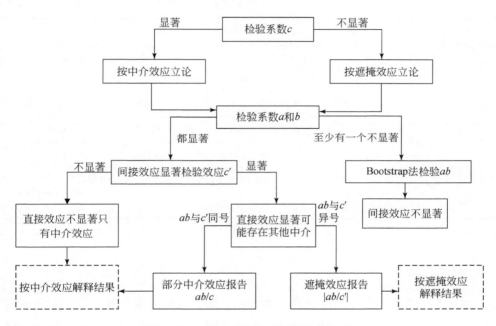

图 5-2　Bootstrap 中介效应检验流程图

5.2　变量描述与共线性检验

5.2.1　变量选取

本章以渝中区所有小区为样本，共计 749 个小区，结合第 3 章中缓冲区的确定，划分 400m 缓冲区，探究建成环境对老年人步行安全的影响。在第 2 章分析建成环境对步行安全影响分析的基础上，将影响老年人步行安全的要素分为自变量及中介变量两个部分，其中自变量为建成环境因素，将建成环境因素参照 3.2

节中建成环境指标体系分为四个部分：土地利用、设施临近性、道路设施和社会经济。中介变量老年人步行活动，用手机信令数据提取的老年人每天人均步行频次来表征。因变量老年人步行安全，以缓冲区内老年人交通事故发生的频次来表征（表5-1）。

表 5-1　老年人步行安全影响变量概括

属性	类型	变量
自变量	土地利用	公共服务设施用地、商业服务设施用地、居住用地、绿地与广场用地、道路用地、土地利用混合度、建筑密度、容积率
	设施临近性	公共交通、购物设施、休闲娱乐场所、学校数量、医院数量
	道路设施	地下通道、人行天桥、路网密度、交叉口密度、斑马线
	社会经济	人口密度、老年人口密度、就业密度
中介变量	老年人步行活动	老年人人均每天步行频次（基于手机信令数据提取）
因变量	老年人步行安全	老年人交通事故频次

（1）自变量

1）土地利用：土地利用包括三类指标，即土地利用混合度、单一的土地利用类型比例、开发强度等共8个变量。已有研究中土地利用对步行安全影响的结果并不一致，多数研究认为较高的土地利用混合度（Asadi et al.，2022）、较高的商业服务设施用地比例（戴晓峰等，2021）对交通事故具有正向影响，其他的土地利用类型，如公共服务设施用地比例（丁微等，2017）、绿地与广场用地比例（Miranda et al.，2011）等也会对影响步行安全，工业用地由于步行不友好，因此行人流量较少，行人交通事故较低。也有研究认为，土地混合度较高的区域，设施更加完备，能减少机动车出行率，从而减低了人车碰撞事故的发生率（Amoh et al.，2016）。

2）设施临近性：设施临近性由公共交通、购物设施、休闲娱乐设施、学校数量、医院数量表征。已有研究表明，设施密度的增加，提高了人流量，增加了行人的交通事故风险。有研究发现公共交通站点与步行安全事故高度相关，学校、购物设施也会对行人交通事故产生影响（Asadi et al.，2022）。设施密度较大时，形成人车聚集，增加了人车碰撞概率（Narayanamoorthy et al., 2013）。

3）道路设施：道路设施由路网密度、交叉口密度、地下通道、人行天桥、斑马线数量来表征。通常认为路网密度、交叉口密度较高的区域，行人交通事故较高。也有研究认为在交叉口处，驾驶员和行人的警惕性较高，因此降低了人车碰撞事故频率。地下通道、人行天桥及斑马线等行人过街设施合理设置，能够有效实现人车隔离，进而保障行人的步行安全（Merlin et al., 2020）。

4）社会经济：社会经济包括人口密度、老年人口密度、就业密度。已有研究表明，较高的人口密度由于增加了人车流量，表现为较高的行人交通事故频率（Guerra et al., 2019），也有研究认为，在人口密度较低的区域，对于车辆的限制较小，由此增加了行人事故的风险（Graham et al., 2003）。就业密度较高的区域通常人、车流量较大，行人交通事故风险较高（Wier et al., 2009）。

（2）中介变量

由于对渝中区老年人步行活动调查未覆盖渝中区所有小区，人工问卷调查也存在较大的限制。相较于问卷调查数据收集，手机信令数据能够提高数据范围、减少人为误差、提高数据采集效率，因此这里使用覆盖面更广、更准确的手机信令数据中所提取的人均老年人步行活动频次数据作为本节研究中的步行活动变量。

手机信令数据被广泛运用于时空单元的活动水平测度。早在 2006 年就有外国学者利用手机信令数据研究城市活动空间分布，研究中以手机信令数据代表城市中居民活动强度（Ratti et al., 2006）。国内学者如柴彦威（2010）通过多个典型案例，论证了信令数据在分析居民出行、交通规划等方面的适用性及可行性；丘建栋（2018）则利用手机信令数据研究居民的出行行为特征。由于老年人出行方式多采用步行或公交，一般来说小于 1km 的出行大多采用步行出行方式（谢波等，2019），因此利用手机信令数据筛选起讫点小于 1km 的老年人出行频次数据作为老年人步行活动数据来源。手机信令数据来自 2021 年 6 月联通手机信令数据。利用 ArcGIS 计算缓冲区内老年人步行总频次，通过自然断点法，将缓冲区内老年人步行活动总频次划分为 1~5 级，研究小区其老年人步行活动如图 5-3 所示。由图 5-3 可知，解放碑、大坪区域老年人步行活动水平较高，第 3 章中渝中区老年人交通事故空间分布核密度分析显示，渝中区主要形成以解放碑、大坪、上清寺为核心的三个局部空间聚集区域，这说明老年人步行活动与老年人交通事故可能存在正向相关关系，后文将进一步深解析二者的关系。

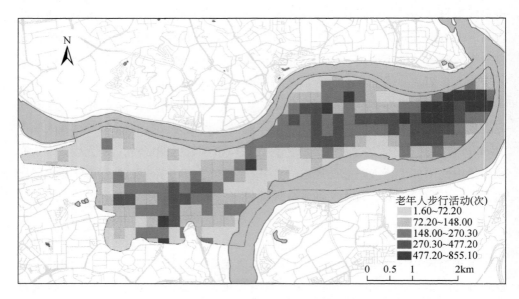

图 5-3　研究区老年人步行活动

对所有变量数据进行清洗与预处理后，数据的基本统计信息见表5-2所示。

表 5-2　建成环境对老年人步行安全影响数据统计描述

变量名称	最大值	最小值	平均值	标准差
公共服务设施用地	0.683	0.000	0.176	0.123
商业服务设施用地	0.832	0.000	0.247	0.211
居住用地	0.894	0.000	0.402	0.236
工业用地	0.212	0.000	0.011	0.036
绿地与广场用地	0.544	0.000	0.076	0.108
道路用地	0.348	0.000	0.011	0.041
土地利用混合度	1.024	0.270	0.709	0.140
建筑密度	0.368	0.005	0.134	0.072
容积率	4.511	0.036	1.168	0.719
公共交通	14.000	0.000	5.904	2.765

续表

变量名称	最大值	最小值	平均值	标准差
购物设施	94.000	1.000	36.983	19.010
休闲娱乐场所	72.000	0.000	13.116	11.549
学校数量	13.000	0.000	4.527	2.438
医院数量	50.000	0.000	18.057	10.563
斑马线	57.000	0.000	11.971	10.316
地下通道	24.000	0.000	3.45	4.736
人行天桥	13.000	0.000	2.433	2.753
路网密度	13.488	1.746	7.966	2.207
交叉口密度	78.000	1.000	23.594	14.839
人口密度	3.866	0.338	1.925	0.759
就业密度	5.170	0.157	1.664	1.037
老年人人均每天步行活动频次	5.000	1.000	2.917	1.254
老年人交通事故频次	45.000	0.000	14.071	8.527

5.2.2 共线性检验

在本节研究中，涉及的影响变量较多，为避免因变量之间的多重共线性造成 OLS 模型结果的偏倚，需对模型变量进行多重共线性检验（林华珍和倪宗瓒，1999）。首先，利用 Pearson 相关系数检验自变量之间多重共线性的程度。当 Pearson 相关系数大于 0.7 时，表示变量间存在较高的共线性，需要选择性进行剔除。结合相关性分析，由图 5-4 可知，容积率与建筑密度具有较强的相关性，剔除建筑密度变量。商业服务设施用地与就业密度变量相关性系数大于 0.7，具有较强的相关性，商业服务设施用地较高的区域提供了更多的就业岗位，即具有更高的就业密度，剔除商业服务设施用地。

在进行变量剔除后，利用方差膨胀系数法（variance inflation factor，VIF）检验变量之间的多重共线性。VIF 通过计算外生变量之间的方差膨胀系数来评估目标外生变量和其他外生变量之间的相关性。计算方法如式（5-2）所示：

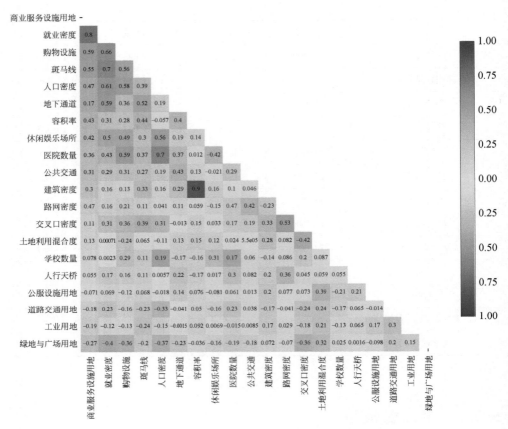

图 5-4 变量 Pearson 相关性（仅列出相关性较高变量）

$$VIF = \frac{1}{1 - R_i^2} \qquad (5\text{-}2)$$

式中，R_i^2 表示目标外生变量 x_i 与其他外生变量的相关系数。

　　将以上变量剔除后利用 SPSS 软件计算建成环境变量之间的多重共线性，结果如表 5-3 所示。当 VIF 值小于 10 时，可忽略外生变量之间的共线性问题。由表可知余下变量 VIF 值均小于 10，均可通过共线性检验，因此后续的实证研究中，可将余下所有变量均纳入模型中。

表 5-3　多重共线性检验结果

类型	变量	容忍度	VIF
土地利用	公共服务设施用地	0.566	1.767
	居住用地	0.355	2.819
	工业用地	0.727	1.375
	绿地与广场用地	0.502	1.991
	道路用地	0.737	1.356
	土地利用混合度	0.432	2.313
	容积率	0.437	2.29
设施临近性	公共交通	0.559	1.788
	购物设施	0.274	3.648
	休闲娱乐场所	0.462	2.163
	学校数量	0.411	2.433
	医院数量	0.232	4.309
道路设施	斑马线	0.264	3.783
	地下通道	0.351	2.851
	人行天桥	0.488	2.048
	路网密度	0.376	2.657
	交叉口密度	0.301	3.318
社会经济变量	人口密度	0.169	5.901
	就业密度	0.105	9.501
中介变量	老年人人均每天步行活动频次	0.15	6.678

5.3　模型构建

　　由第 4 章分析可知,出行活动在建成环境与交通事故的关系中起到重要的连接作用。老年人有其自身的步行活动特征,开展建成环境对其步行安全的影响须考虑其独特的步行活动特征。鉴于现有研究缺少"建成环境–步行活动–步行安全"的完整路径的探讨,本章将参考 2.3.1 节中所描述的交通事故与建成环境联系框架,构建"建成环境—步行活动—交通事故"完整的路径链。

　　基于以上考虑,构建如图 5-5 所示的模型结构,探讨住区建成环境要素对老年人交通事故影响的路径。检验建成环境影响交通事故的中介效应首先考虑建成环境要素对交通事故的重要影响，将其纳入模型中，再将老年人步行活动作为机制变量加入。

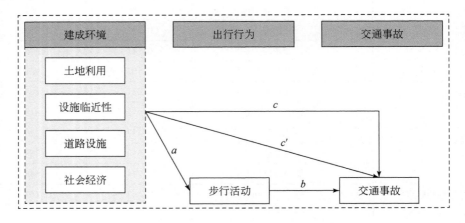

图 5-5 中介效应检验模型实证路径

研究中将因变量缓冲区内老年人交通事故发生频率视为连续性，因此其可适用于多元线性回归模型。构建中介效应模型如式（5-3）～式（5-5）所示：

$$Y_i = \lambda_0 + \sum_{j=1}^{n} c_{ij} X_{ij} + \varepsilon_i \tag{5-3}$$

$$W_i = \lambda_1 + \sum_{j=1}^{n} a_{ij} X_{ij} + \varepsilon_i \tag{5-4}$$

$$Y_i = \lambda_2 + \sum_{j=1}^{n} c'_{ij} X_{ij} + b_i W_i + \varepsilon_i \tag{5-5}$$

式中，W_i 为中介变量，即 i 样本的老年人步行活动水平；λ_0、λ_1、λ_2 为常数项；X_{ij} 表示 i 样本中第 j 种建成环境属性，包括公共交通、购物、各类用地比例等；c_{ij}、a_{ij} 为待估计参数；ε_i 为残差；c'_{ij} 和 b_i 分别为建成环境要素、中介变量对老年人交通事故的直接效应。将式（5-4）代入式（5-5），即可得到建成环境要素的间接效应。

首先，若式（5-3）中 c_{ij} 显著，则说明建成环境要素对老年人交通事故产生了影响；其次，若式（5-4）中 a_{ij} 显著，则说明建成环境要素对老年人步行活动产生了影响；最后通过，检验回归结果，确定中介效应是否存在：若 c'_{ij} 的绝对值小于 c_{ij}，说明存在部分中介效应，即建成环境要素对老年人交通事故的影响部分来自于老年人步行活动的影响；若 c'_{ij} 不显著，b_i 显著，则存在完全中介效应，即该建成环境变量对老年人交通事故的影响完全基于老年人步行活动量的变化。

5.4 模型结果与分析

5.4.1 模型结果

通过线性回归模型得到建成环境对老年人交通事故发生频率的作用结果（不含中介变量），检验建成环境对老年人交通事故的总效应，回归结果见表5-4模型（Ⅰ）（路径 c）所示。

由表可知，在建成环境对老年人交通事故的关系中，公共交通（$c=0.148$，$p<0.01$）、休闲娱乐场所（$c=0.39$，$p<0.01$）、学校（$c=0.143$，$p<0.01$）、公共服务用地（$c=0.219$，$p<0.01$）、人口密度（$c=0.276$，$p<0.01$）、斑马线（$c=0.089$，$p<0.10$）、人行天桥（$c=0.064$，$p<0.10$）、地下通道（$c=0.408$，$p<0.01$）、路网密度（$c=0.143$，$p<0.01$）对老年人事故发生频率具有显著的正相关关系。这说明建成环境中设施临近性的提高增加了老年人交通事故发生概率，土地利用中公共服务用地、容积率的增加，不利于老年人安全步行，道路设施变量的增加均加大了老年行人的步行风险。

表 5-4　老年人步行安全的中介效应检验结果统计

变量	模型（Ⅰ）（路径 c）		模型（Ⅱ）（路径 a）		模型（Ⅲ）（路径 c' b）	
	标准化系数	P	标准化系数	P	标准化系数	P
公共交通	0.148	0.000***	0.109	0.000***	0.117	0.000***
购物设施	−0.009	0.845	0.180	0.000***	−0.059	0.184
休闲娱乐场所	0.390	0.000***	−0.030	0.150	0.399	0.000***
学校数量	0.143	0.000***	−0.169	0.000***	0.190	0.000***
医院数量	0.010	0.826	0.276	0.000***	−0.067	0.162
公共服务设施用地	0.219	0.000***	0.058	0.002***	0.203	0.000***
居住用地	−0.094	0.016**	−0.105	0.000***	−0.065	0.096*
工业用地	0.019	0.481	0.030	0.076*	0.011	0.685
绿地与广场用地	−0.018	0.582	0.071	0.000***	−0.038	0.248
道路用地	−0.017	0.542	0.031	0.061*	−0.025	0.346
土地利用混合度	−0.028	0.435	−0.095	0.000***	−0.001	0.977

变量	模型（Ⅰ）（路径 c）		模型（Ⅱ）（路径 a）		模型（Ⅲ）（路径 c' b）	
	标准化系数	P	标准化系数	P	标准化系数	P
容积率	0.066	0.063 *	0.002	0.930	0.066	0.062 *
人口密度	0.276	0.000 ***	0.128	0.000 ***	0.241	0.000 ***
就业密度	−0.402	0.000 ***	0.451	0.000 ***	−0.528	0.000 ***
斑马线	0.089	0.051 *	0.044	0.116	0.077	0.088 *
地下通道	0.408	0.000 ***	−0.091	0.000 ***	0.434	0.000 ***
人行天桥	0.064	0.053 *	0.119	0.000 ***	0.030	0.362
路网密度	0.143	0.000 ***	0.039	0.098 *	0.132	0.000 ***
交叉口密度	−0.015	0.732	0.094	0.000 ***	−0.041	0.333
步行活动	—	—	—	—	0.280	0.000 ***
R^2	0.596		0.850		0.608	
Adjust_R^2	0.586		0.846		0.597	

***、**、* 分别代表1%、5%、10%的显著性水平，下同。

注：模型（Ⅰ）因变量为老年人事故发生频率，模型（Ⅱ）因变量为老年人步行活动，模型（Ⅲ）因变量为老年人事故发生频率（自变量包含老年人步行活动）。

此外，居住用地（$c=-0.094$，$p<0.05$）、工作人口密度（$c=-0.402$，$p<0.01$）对老年人事故发生频率具有显著的负相关关系。说明居住用地比例、工作人口较高的区域老年行人交通事故发生风险低。其他建成环境变量对老年人交通事故发生频率不具有显著性，但能排除抑制效应的可能性，结果有待进一步检验。

5.4.2　中介效应检验

（1）依次检验

A. 建成环境对老年人步行活动的直接效应

通过建成环境指标分别对老年人步行活动、老年人交通事故发生频率（自变量包含步行活动）构建线性回归方程，得到模型（Ⅱ）、模型（Ⅲ）的回归结果（表5-4）。

模型（Ⅱ）中，公共交通（$c=0.109$，$p<0.01$）、购物设施（$c=0.18$，$p<0.01$）、医院数量（$c=0.276$，$p<0.01$）、公共服务用地比例（$c=0.276$，$p<$

0.01)、人口密度（$c=0.128$，$p<0.01$）、就业密度（$c=0.451$，$p<0.01$）、人行天桥（$c=0.119$，$p<0.01$）、路网密度（$c=0.039$，$p<0.10$）、交叉口密度（$c=0.094$，$p<0.01$），对提高老年人步行活动水平具有显著的正向作用。居住用地比例（$c=-0.105$，$p<0.01$）、土地利用混合熵（$c=-0.095$，$p<0.01$）、地下通道（$c=-0.091$，$p<0.01$）对老年人步行活动呈现显著的负向作用。

综上，结合模型（Ⅰ）、模型（Ⅱ）中变量显著性检验标准，可初步判断，老年人步行活动对建成环境指标中公共交通、学校数量、公共服务用地、居住用地比例、人口密度、就业密度、地下通道、人行天桥、路网密度可能存在中介影响。

B. 老年人步行活动的中介效应检验结果

模型（Ⅲ）的结果表明：首先，老年人步行活动（$c=0.28$，$p<0.01$）对老年人交通事故的回归结果表现出显著的正向相关，表明通过老年人步行活动水平的提高能够显著增加老年人交通事故的发生，满足了中介效应检验的核心条件之一。

在检验模型（Ⅰ）和模型（Ⅱ）中具有显著性的建成环境指标中，公共交通（$c=0.117$，$p<0.01$）与老年人交通事故发生频率具有显著的正相关关系，且系数小于模型（Ⅰ）中的回归系数（0.148），根据依次中介效应检验原理，老年人步行活动在公共交通对老年人交通事故影响的过程中存在中介效应，且由于模型（Ⅲ）中公共交通指标回归系数仍然具有显著性，因此该中介效应为部分中介效应。同理，建成环境指标中公共服务设施用地比例（$c=0.203$，$p<0.01$）、居住用地比例（$c=-0.065$，$p<0.10$）、人口密度（$c=0.241$，$p<0.01$）、路网密度（$c=0.132$，$p<0.01$）回归系数均显著，且在模型（Ⅲ）中的回归系数均小于模型（Ⅰ）中的对应值，因此老年人步行活动在公共服务设施用地比例、居住用地比例、人口密度、路网密度影响老年人交通事故的过程中存在显著的部分中介效应。但是，学校（$c=0.19$，$p<0.01$）、就业密度（$c=-0.528$，$p<0.01$）、地下通道（$c=0.434$，$p<0.01$）在模型（Ⅲ）中虽然回归系数显著，但其系数的绝对值大于模型（Ⅰ）中回归系数的结果，不符合依次检验中介变量引起自变量回归系数绝对值缩减的条件，因此老年人步行活动在学校、就业密度、地下通道影响老年人交通事故的过程中不存在中介效应。

此外，模型（Ⅲ）中人行天桥（$c=0.03$，$p>0.10$）不具有显著性，系数较模型（Ⅰ）（0.064）有所减小，符合逐步法检验标准，因此老年人步行活动在人行天桥影响老年人交通事故的过程中存在完全中介效应。

以上为依次检验法的检验结果，后文将采用偏差校正的非参数百分位Bootstrap法进行再次检验。

（2）Bootstrap 法检验结果

根据前文假设与维度分析，对老年人步行活动的中介效应进行分析。应用SPSS 程序进行分析，且采用极大似然法作为拟合方法。在检验过程采用 Bootstrap法进行偏差校正，抽取次数设定为1000，当 Bootstrap 分析结果的置信区间不包含0时，代表统计结果显著，即95% BootCI 的值不包含0，说明中介效应显著，假设成立。反之，则中介效应不显著。老年人步行活动的 Bootstrap 法检验结果如表 5-5 所示。

表 5-5　Bootstrap 法检验结果

变量	c 总效应	ab	ab（P 值）	ab（95% BootCI）	c' 直接效应
公共交通	0.455	0.094	0.000***	0.155 ~ 0.050	0.361
购物设施	−0.004	0.023	0.000***	0.035 ~ 0.013	−0.026
休闲娱乐场所	0.288	−0.006	0.240	0.003 ~ −0.019	0.295
学校数量	0.500	−0.166	0.000***	−0.093 ~ −0.259	0.666
医院数量	0.008	0.063	0.000***	0.098 ~ 0.033	−0.054
公共服务设施用地	15.174	1.132	0.014**	2.141 ~ 0.340	14.042
居住用地	−3.414	−1.065	0.001***	−0.554 ~ −1.975	−2.349
工业用地	4.641	1.999	0.181	5.383 ~ −0.635	2.642
绿地与广场用地	−1.428	1.558	0.024**	3.179 ~ 0.466	−2.986
道路用地	−3.453	1.811	0.239	5.337 ~ −0.639	−5.263
土地利用混合度	−1.684	−1.622	0.005***	−0.661 ~ −2.886	−0.062
容积率	0.786	0.006	0.938	0.192 ~ −0.128	0.779
人口密度	3.107	0.402	0.003***	0.696 ~ 0.172	2.705
就业密度	−3.304	1.039	0.000***	1.607 ~ 0.583	−4.343
斑马线	0.074	0.010	0.137	0.025 ~ −0.002	0.064
地下通道	0.735	−0.046	0.004***	−0.021 ~ −0.084	0.781

续表

变量	c 总效应	ab	ab（P 值）	ab（95%BootCI）	c'直接效应
人行天桥	0.197	0.104	0.000***	0.170~0.059	0.094
路网密度	0.553	0.042	0.100	0.099~0.000	0.511
交叉口密度	−0.008	0.015	0.005***	0.028~0.007	−0.024

由表 5-5 可知，建成环境指标中公共交通指标（95%BootCI：0.155~0.05）区间不包含数字 0，c'显著，且 ab 与 c'同号，依据 Bootstrap 法中介效应检验原理，建成环境中公共交通在对老年人交通事故影响时，老年人步行活动具有部分中介作用。同理，公共服务用地设施占比（95%BootCI：2.141~0.34）、人口密度（95%BootCI：0.696~0.172）、路网密度（95%BootCI：0.099~0.0）区间均不包含 0，且 c'显著，ab 与 c'同号，因此老年人步行活动在公共服务设施用地比例、人口密度、路网密度影响老年人交通事故的过程中存在显著的部分中介效应。

此外，购物（95%BootCI：0.035~0.013）区间不包含数字 0，c'不显著，依据 Bootstrap 法中介效应检验原理，建成环境中购物设施数量在对老年人交通事故影响时，老年人步行活动具有完全中介作用。同理，医院数量（95%BootCI：0.098~0.033）、绿地与广场用地比例（95%BootCI：3.179~0.466）、土地利用混合度（95%BootCI：−0.661~−2.886）、人行天桥（95%BootCI：0.17~0.059）、交叉口密度（95%BootCI：0.028~0.007）区间均不包含 0，且 c'不显著。因此，老年人步行活动在医院、绿地与广场用地比例、土地利用混合度、人行天桥、交叉口密度影响老年人交通事故的过程中存在显著的完全中介效应。

学校数量（95%BootCI：−0.093~−0.259）、就业密度（95%BootCI：−0.093~−0.259）、地下通道（95%BootCI：−0.021~−0.084）区间不包含数字 0，c'显著，ab 与 c'异号，依据 Bootstrap 法中介效应检验原理，老年人步行活动在学校、就业密度、地下通道影响老年人交通事故的过程中表现为遮掩效应。休闲娱乐场所（95%BootCI：0.003~−0.019）、工业用地比例（95%BootCI：5.383~−0.635）、道路设施用地比例（95%BootCI：5.337~−0.639）、容积率（95%BootCI：0.192~−0.128）、斑马线（95%BootCI：0.025~−0.002）区间包含数字 0，依据 Bootstrap 法中介效应检验原理，中介作用不显著。

5.4.3 中介效应路径分析

本章基于线性回归模型，先后使用依次检验法与 Bootstrap 法分别检验老年人步行活动在建成环境影响老年人交通事故过程中的中介效应，检验结果汇总如表 5-6所示。其中，在依次检验法中检验证实的中介路径在 Bootstrap 法同样得到证实，且后者又检验多出数条中介路径，体现了 Bootstrap 法的检验效力。

表 5-6 基于依次检验与 Bootstrap 法的检验结果

类型	变量	依次检验法检验	Bootstrap 法检验
设施临近性	公共交通	√	√
	购物设施		√
	休闲娱乐场所		
	学校数量		
	医院数量		√
土地利用	公共服务设施用地	√	√
	居住用地	√	√
	工业用地		
	绿地与广场用地		√
	道路用地		
	土地利用混合度		√
	容积率		
社会经济	人口密度	√	√
	就业密度		
道路设施	斑马线		
	地下通道		
	人行天桥	√	√
	路网密度		√
	交叉口密度		√

表 5-6 说明了老年人步行活动、建成环境与老年人交通事故之间的关系，表中 "√" 表示老年人步行活动在建成环境变量与老年人交通事故之间存在中介作用。下文分别对建成环境各要素与老年人事故频率之间的关系进行讨论。

（1）老年人步行活动在土地利用与老年人交通事故关系中的中介效应

土地利用指标要素中，老年人步行活动在公共服务用地比例、居住用地比例、绿地与广场用地比例、土地利用混合度影响老年人交通事故发生频率的过程中表现出显著的中介作用（表5-7）。具体的中介路径如下：首先，公共服务设施用地是指为居民提供服务和设施的各类用地，包括建筑基底占地、绿地、配建停车场等，与居住人口规模相对应配建。公共服务设施用地比例对老年人交通事故频率的总效应为15.174，在显著性水平（$P<0.001$）上具有统计学显著性，同时c'与ab同号，因此表现为部分中介效应，效应占比为7.480%，中介效应占比弱于直接效应。

表 5-7　土地利用对老年人步行安全的影响效应分析

类型	变量	总效应	间接效应	直接效应	检验结论	效应占比（%）
土地利用	公共服务设施用地	15.174***	1.132**	14.042***	部分中介作用	7.480
	居住用地	1.132**	−1.065***	−2.349*	完全中介	100
	工业用地	−3.414	1.999	2.642	中介作用不显著	—
	绿地与广场用地	−1.065	1.558**	−2.986	完全中介	100
	道路用地	4.641	1.811	−5.263	中介作用不显著	—
	土地利用混合度	1.999	−1.622***	−0.062	完全中介	100
	容积率	0.786	0.006	0.779*	中介作用不显著	—

其次，老年人步行活动在居住用地比例、绿地与广场用地比例、土地利用混合度对老年人事故的影响上均表现为完全中介。居住用地的增加减少了老年人交通事故发生的概率，这一点与以往的研究结论符合，可能的解释是较高比例的居住用地区域，小区内往往有比较完备的配套设施，老年人在小区内部的活动时间较多，会更少进行小区外的活动，因此交通风险较低。公园绿地广场是老年人休闲娱乐最主要的活动场地，因此绿地与广场用地的增加了老年人的步行活动，而在前往公园绿地广场途中的暴露增加了交通事故风险。由第4章中绿地与广场用地比例对老年人步行活动的非线性影响结果可知，在绿地与广场用地比例小于0.2时，老年人步行活动随绿地与广场用地比例增大而增加，当绿地与广场用地比例达到0.2时影响趋于恒定，表明住区绿地与广场用地比例配建在0.2对老年人步行活动达到最大效用。保障合理的绿地与广场用地比例，减少老年人到公园

绿地广场途中的暴露风险，能够在促进老年人步行活动的同时，减少交通事故风险。

老年人步行活动在土地利用混合度对老年人交通事故的影响中表现为完全中介。土地利用混合度的增加对老年人步行活动表现为抑制作用，进而减少了老年人交通事故的发生。这与既往研究结果并不一致，通常来说，较高的土地利用多样性（居住、商业、教育、娱乐和公共服务）增加了出行活动的可能性，有利于步行出行，也增加了交通事故的发生频率（Kerr et al., 2012；塔娜等, 2020）。本书出现此结果的原因可能是土地利用混合度对老年人步行活动的非线性影响及阈值效应，结合 4.4.2 中土地利用混合对老年人步行活动的非线性影响研究可以发现，土地利用混合度对老年人步行活动的表现出明显的非线性影响且存在阈值效应，当土地利用混合度小于 0.58 时，土地利用混合度的增大增加了老年人的步行活动，当土地利用混合度大于 0.58 时，表现为抑制作用，进而减少了交通事故的发生。

容积率对老年人交通事故的影响仅表现为直接效应，容积率的增加提高了老年人交通事故的发生频率。容积率表示地块内建筑面积与地块面积之比，容积率的增加通常伴随建筑物高度和密度的增加，较高的建筑密度往往会吸引更多的车辆，也会对行人及驾驶员的视线形成遮挡。此外，在容积率较高的地区，通常土地成本昂贵，绿地和广场少，如人行道过窄或人行道缺乏、过街设施不够完善等，增加了老年人步行活动中的交通事故风险。工业用地比例、道路设施用地比例对老年人交通事故的发生没有显著作用，这是由于工业用地缺少对老年人群的吸引力，因此少有老年人在工业用地进行步行活动。

（2）老年人步行活动在设施临近性与老年人交通事故关系中的中介效应

表 5-8 显示了设施临近性、老年人步行活动、老年人交通事故频率间的关系。老年人步行活动在公共交通、购物、医院等影响老年人交通事故频率的过程中起到了显著的中介作用。具体的中介路径如下：首先，公共交通对老年人交通事故频率的总效应为 0.455，直接影响效应为 0.361，且在 $P<0.001$ 水平上显著，同时，过程中 c' 与 ab 同号，因此为部分中介，效应占比为 20.660%，中介效应弱于直接效应。

其次，购物设施对老年人交通事故影响总效应为 −0.004，直接效应不显著，但通过老年人步行活动对老年人交通事故有间接影响，中介效应显著。也就是说，购物场所数量与老年人交通事故的关系中，老年人步行活动起完全中介效应。当购物设施大于 60 个/km² 时，购物设施的增多提高了老年人的步行活动，进而增加了老年人交通事故频率。类似的情况还有医院数量对老年人交通事故的影响。

表 5-8 设施临近性对老年人步行安全的影响效应分析

类型	变量	总效应	间接效应	直接效应	检验结论	效应占比（％）
设施临近性	公共交通	0.455 ***	0.361 ***	0.094 ***	部分中介作用	20.660
	购物设施	−0.004	−0.026	0.023 ***	完全中介	100
	休闲娱乐场所	0.288 ***	0.295 ***	−0.006	中介作用不显著	—
	学校数量	0.500 ***	0.666 ***	−0.166 ***	遮掩效应	24.925
	医院数量	0.008	−0.054	0.063 ***	完全中介	100

学校数量对老年人交通事故影响的总效应为 0.5，直接效应为−0.166，且在 $p<0.001$ 水平上显著，c' 与 ab 异号，因此老年人步行活动在学校数量对老年人交通事故频率的影响中有遮掩效应，这表示存在其他中介变量对该路径产生中介效应，并对该路径产生干扰。休闲娱乐设施对老年人交通事故的影响仅表现为直接效应影响，休闲娱乐设施数量的增加，直接增大了老年人的步行交通事故风险。

（3）老年人步行活动在社会经济与老年人交通事故关系中的中介效应

表 5-9 显示了社会经济变量、老年人步行活动、老年人交通事故频率间的关系。老年人步行活动在人口密度影响老年人交通事故发生频率的过程中起到了显著的中介作用。人口密度对老年人交通事故频率的总效应值为 3.107，直接效应为 2.705，并在 $p<0.001$ 水平上显著，效应占比为 87.065%。此外，人口密度通过步行活动对老年人交通事故起间接影响，但中介效应弱于直接效应，c' 与 ab 同号，因此为部分中介，中介效应为 0.402，占比 12.935%。

表 5-9 社会经济对老年人步行安全的影响效应分析

类型	变量	总效应	间接效应	直接效应	检验结论	效应占比（％）
社会经济	人口密度	3.107 ***	2.705 ***	0.402 ***	部分中介	12.939
	就业密度	−3.304 ***	−4.343 ***	1.039 ***	遮掩作用	23.923

就业密度总效应为−3.304，直接效应为−4.343，且在 $p<0.001$ 水平上显著，c' 与 ab 异号，因此老年人步行活动在就业密度对老年人交通事故频率的影响中有遮掩效应。

（4）老年人步行活动在道路设施与老年人交通事故关系中的中介效应

表 5-10 显示了道路设施、老年人步行活动、老年人交通事故之间的关系。老年人步行活动在人行天桥、路网密度、交叉口密度影响老年人交通事故发生频率的过程中起到了显著的中介作用。具体的中介路径如下：人行天桥对老年人交通事故的总效应值为 0.197，直接效应不显著，但老年人步行活动在人行天桥对老年人的影响中起间接作用。交叉口密度对老年人交通事故的影响类似，直接效应不显著，但通过老年人步行活动对老年人交通事故有间接影响。缓冲区内交叉口密度的增加增大了步行环境的连通性，促进了老年人步行活动，进而增加了老年人交通事故的发生。

表 5-10　道路设施对老年人步行安全的影响效应分析

类型	变量	总效应	间接效应	直接效应	检验结论	效应占比（%）
道路设施	斑马线	0.074*	0.064*	0.010	中介作用不显著	—
	地下通道	0.735***	0.781***	−0.046***	遮掩作用	5.890
	人行天桥	0.197*	0.094	0.104***	完全中介	100
	路网密度	0.553***	0.511***	0.042	部分中介作用	7.595
	交叉口密度	−0.008	−0.024	0.015***	完全中介	100

地下通道总效应为 0.735，直接效应为 0.781，且在 $p<0.001$ 水平上显著，c' 与 ab 异号，因此老年人步行活动对就业密度对老年人交通事故频率的影响中有遮掩效应，地下通道设施的增加，增加了老年人步行的事故风险。斑马线对老年人交通事故的影响仅表现为直接效应，且呈现显著的正向影响，这与 Yoon（2021）的研究一致，老年行人反应力降低、运动能力较差，无法利用斑马线创造的反应时间，造成在斑马线的事故增多。造成老年人在行人过街设施区域交通事故增多的原因可能是，老年人对现有道路交通系统的不适应。当前的道路交通系统设计主要考虑人群为年轻、健康的行人及车辆，老年人由于生理机能的下降，对现有道路系统出行不易适应，在道路上更容易受到伤害。因此，在行人过街设施的改进策略中，不仅要加强老年群体的思想教育，引导老年群体正确使用

行人过街设施，更要在原有的过街设施配置上进行适老化改进。

5.5 本章小结

本章基于老年人交通事故数据、老年人步行活动数据，以及研究区域的建成环境多源异构数据，构建了以老年人步行活动为中介变量的中介效应模型，并利用 Bootstrap 进行中介效应检验。结果显示，建成环境中存在变量通过老年人步行活动对老年人交通事故产生影响，验证了"建成环境–步行活动–交通事故"的概念模型。在建成环境对老年人交通事故频率的影响过程中，老年人步行活动在居住用地比例、绿地与广场用地比例、土地利用混合度对老年人交通事故的影响中起完全中介效应，公共服务用地比例、公共交通、人口密度、路网密度对老年人交通事故的影响中为部分中介效应。

第6章 基于老年人步行安全的 建成环境优化策略

本章根据研究结论，提出老年人友好步行环境规划要素与途径，提出优化策略，旨在构建老年行人友好的步行环境，以期在促进老年人步行活动的同时保障老年人的出行安全，推动积极老龄化。

6.1 优 化 策 略

本书从土地利用、设施临近性、道路设施等维度构建建成环境要素指标体系，探究建成环境对老年人步行活动及步行安全的影响。通过研究发现，土地利用、设施临近性、道路设施几个维度的指标对老年人步行活动及步行安全均产生显著性影响。基于此，构建了老年人友好步行环境规划要素与途径（图6-1），并根据已有的研究结论，结合渝中区现状，提出了优化策略，旨在构建老年行人友好的步行环境，以期在促进老年人步行活动的同时增加老年人的出行安全，进而推动积极老龄化。

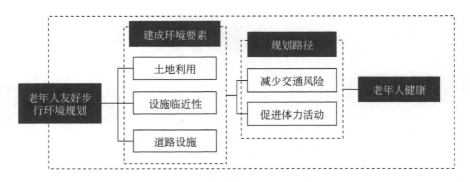

图6-1 老年人友好步行环境规划要素与途径

（1）优化各类生活设施布局，减少老年人交通性步行暴露

各类生活设施是老年人日常活动目的地，因此生活设施优化布局有利于老年人安全出行。对老年人而言，他们的行动能力受限，但拥有充足的时间，因此更加关注邻里休闲娱乐设施、购物场所、医疗保健服务设施等目的地。第4章中建成环境对老年人步行活动的影响研究也得出类似结论，公园、学校、休闲娱乐场所的数量与分布都会对老年人步行活动产生影响。种类丰富多样的设施将会极大地增加老年人的步行兴趣（于一凡，2020），尤其是休闲娱乐设施，相较于其他年龄群体，老年人对于休闲活动的需求更大，因此在老年人步行友好环境的规划中，应当加强对休闲娱乐设施的关注。休闲娱乐场所的增加，增加了老年人步行交通事故频率。为了满足老年人的步行需求，保障老年人步行安全，需要配置多样化的设施，减少设施之间的距离，通过合理设置步行道，整合各种休闲娱乐设施之间的空间联系，可以在增加老年人步行活动的同时有效减少老年人在往返休闲娱乐设施时的暴露风险。

此外，菜市场、超市、商场等商业设施也是老年人常光顾的目的地。第四次中国城乡老年人生活状况调查表明，老年人对这些商业设施的使用频率极高，但由于身体机能的下降，老年人步行能力较差，步行的忍耐度也较低。在建成环境对老年人步行活动的非线性影响分析中，也得出了类似的结论，当距离菜市场距离超过200m，到公园广场距离超过180m时，老年人步行活动开始下降。因此，在设置和分布老年人经常前往的设施点时，应该考虑老年人的步行可达范围，以便让老年人能够更容易地到达。

在老年人步行友好环境的规划中，也应该考虑如何将这些购物设施与休闲娱乐设施整合，合理规划步行道和各种设施之间的空间联系，以提高老年人步行的便利性和安全性。例如，在购物设施周围设置公园和广场，让老年人可以在购物之余休息和交流，同时增加步行的乐趣和舒适度。此外，可以在步行道上设置座椅和阴凉休息处，为老年人提供方便和舒适的步行环境。

（2）治理步行空间，减少老年人步行障碍

与年轻健康的道路使用者相比，老年人对于步行道的有效宽度、平整度、防滑性，以及无障碍设施等因素更加敏感，步行活动中更易受到这些因素的影响。通过前文建成环境对老年人步行活动的影响研究发现，阈值范围内较高的路网密

度、较高的交叉口密度能够促进老年人步行活动，然而第5章建成环境对老年人步行安全的影响研究结果表明，行人过街设施、路网密度增加了老年人的步行交通事故风险。因此在保障路网密度在合理范围内的同时，需要对现有道路设施进行适老化改造，在促进老年人步行活动的同时，减少步行活动风险。

在对渝中区的调研中发现道路设施的以下问题：部分步行道较窄、路缘过高、道路不平整。例如，在瓷器街和学田湾正街，步行道的宽度非常有限，而商贩、公共交通站点，以及机动车停车等原因更是限制了老年人的行动。在这种情况下，老年人往往只能在车行道上行走，增加了交通安全隐患（图6-2）。为了改善步行空间，基于老年人步行安全道路设施改进策略（图6-3），可以从以下两个方面进行改进：首先，拓宽步行道的有效宽度，监管商业外摆和机动车停车占道行为，同时保障步行道无障碍通行；其次，合理规划设计路缘石高度，优化处理车行道和步行道之间的高差。对路缘较高的路段进行修缮，可通过缓坡道及其他无障碍设施来实现。

(a)瓷器街：步行道狭窄、
占道经营

(b)学田湾正街：设施占用
步行空间

(c)解放西路：人车混行，
步行空间狭窄

(d)金海洋：机动车占道、
人车混行

(e)中兴路：人行天桥缺少电梯
及其他无障碍设施

(f)中兴路：天桥附近横穿
马路的老年人

图6-2　机动车占道、步行空间狭窄等问题

道路设施中行人过街设施对老年人交通事故均呈显著的正向影响，表示行人过街设施增加了老年人的步行风险。在老年人步行活动中，人行天桥、地下通道均属于不友好因素。由于生理机能的下降，老年人对于直行上下的楼梯和坡道面临腿脚不便、气力不足等困难。原是为了保障行人过街安全及减少交通拥堵而设置的行人过街设施，在部分老年群体看来成为障碍，这部分老年人在过街时放弃

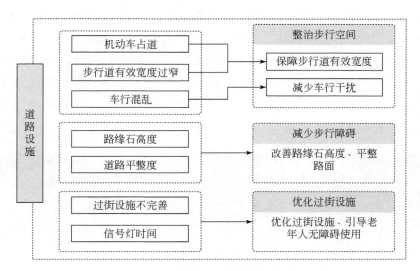

图6-3　老年人步行安全道路设施改进策略图

具有安全保障的人行天桥和地下通道，选择横穿马路，增加了行人过街设施处的事故风险。为了减少这类情况的发生，需要对行人过街设施进行适老化改进，对缺少电梯的人行天桥、地下通道，增设自动扶梯或直行电梯等老年人友好设施；对缺少鲜明色彩方向标识的地下通道，增设方向标识，减少老年人在地下通道迷路风险，增加步行意愿。

此外，老年人的理想步行速度为 $0.6\sim0.8\mathrm{m/s}$，然而目前交叉口信号灯速度通常按《交叉口设计规范》中规定 $1.0\mathrm{m/s}$ 设置，高于老年人理想速度。因此，在城市规划中，应当考虑在老年人经常活动的街道上调整信号灯的配时速度。

（3）改善公交站点，增加老年人公交出行安全性

公共交通是大部分老年人进行远距离出行的首选交通方式，结合前文的分析可知，公共交通站点密度的增加促进了老年人的步行活动，同时也增加了老年人步行交通事故的发生概率。公交站点的设置既要考虑老年群体的体力活动范围，也要考虑因公交停靠造成所带来的复杂交通流变化。调研过程中发现，除公交站点的设置外，不少公交站本身存在安全性问题（图6-4），如占用人行道、台阶过高、缺乏无障碍设施、通行道过窄等，这些问题造成老年人步行活动不便，增加了对突然出现的危险障碍的避让难度，加大了交通事故的风险。针对上述问题，从以下方面提出改进策略：①优化站点位置选址，减少对过街行人视线的遮

挡，人车分行，降低交通流复杂度；②完善公共交通设施无障碍设施，提供必要的座椅设施；③在公共交通站点改造时，考虑人群聚集容易引起街道拥挤问题，将公共交通站点布局在街道较为宽敞的路段，并限制其对步行道的占用，以保障步行畅通；④增加公交车到站的电子显示，方便老年人及时获取公交车到站信息；⑤公交车站不同班次公交车有固定的停靠和等待区域，避免停车的无序和人群上车的混乱和拥挤。

(a)洪崖洞公交站：占用步行道、缺乏无障碍设施、通行道窄　　(b)较场口公交站：占用步行道、缺少座椅设施　　(c)大黄路公交站：座椅冰冷狭窄

图 6-4　公交设施

6.2　本章小结

本章基于上文建成环境对老年人步行活动及步行安全的影响，结合渝中区现状提出相应的改进策略，以期构建老年人步行友好环境。主要问题概括如下：设施分布不合理、步行道过窄、路缘高度过高、道路不平整、人行天桥未加装电梯、公交车站设置不合理等。针对以上问题，提出相应的改进策略：合理布局各类设施，增设步行道，减少老年人暴露风险；整治步行空间，平整路面，改善路缘高度，禁止占用步行道，行人过街设施加装电梯，减少老年人的步行阻碍；改进公交站点设施，如公交车停靠位置的优化。这些策略旨在提高老年人的步行舒适度和安全性，从而促进老年人步行活动，并保障老年人的步行安全。

第 7 章　　结论与展望

本书以老年人为研究对象，以问卷数据与手机信令数据两种方式表征老年人步行活动，结合多维度刻画的建成环境要素与老年人交通事故数据，分别构建了建成环境对老年人步行活动影响的非集计模型、建成环境对老年人步行安全影响的集计模型，定量分析建成环境对老年人步行活动及步行安全的影响，并在此基础上提出有利于老年人步行活动和步行安全的建成环境优化措施。

7.1　研究结论

本书的主要研究成果与结论如下。

（1）渝中区老年人交通事故存在明显的时空差异

从老年人交通事故发生主体、自然环境、道路条件、时空分布进行交通事故的分布特征分析：①从发生事故主体老年人特征看，老年人发生交通事故的主要交通方式为步行，高龄老年人在交通事故中受到伤害的比例更高；②从自然环境看，天气晴朗、能见度良好的情况下老年人交通事故发生频率较高，这是由于老年人在出行时天气是重要的考虑因素，通常来说老年人不会选择在雨雪天气出行，在能见度较低的条件下，老年人受到交通事故伤害的程度较重；③从道路条件看，平直的普通路段是老年人交通事故的高发区域，交叉口中三岔路口事故发生率最高；④从时空分布看，在时间层面呈现季节性差异，在空间层面形成以解放碑、上清寺、大坪为核心的局部空间聚集效应。

（2）建成环境对老年人步行活动非线性效应明显

建成环境诸多要素对老年人步行活动具有明显的非线性影响和阈值效应。分别利用 OLS、随机森林、XGBoost、GBRT 模型构建老年人步行活动模型，结果表明：非线性模型更能解释建成环境对老年人步行活动的影响，其中梯度提升回归树（GBRT）模型的拟合优度最佳。模型优化中利用网格搜索法确定最佳超参数值，最终确定模型 Adjust_R^2 为 0.405，然后采用 GBRT 为基准模型进行解释性分析。模型结果表明：建成环境要素中，土地利用是影响老年人活动的主要要素，其中土地利用混合度、商业服务设施用地的相对重要度最高；社会经济要素中人口密度、老年人口密度的相对重要性较高；设施临近性中，到菜市场距离、公共交通密度相对重要性较高；道路设施对老年人步行活动的影响总体较弱，累计重要度为 4.34%。除建成环境外，个体属性也是影响老年人步行活动的重要变量，累计相对重要性为 28.41%，低于建成环境要素对老年人步行活动的影响（71.59%），对应指标从高到低依次为个人收入、年龄、受教育程度。部分依赖图结果表明：自变量与老年人步行活动间存在明显的非线性关系，部分变量存在明显的阈值效应。

（3）建成环境对老年人步行安全存在显著影响

构建"建成环境–步行活动–步行安全"的研究模型，探究老年人步行活动在建成环境与老年人交通事故之间的中介效应。结果表明：土地利用、设施临近性、社会经济、道路设施等建成环境要素均是影响老年人步行活动、老年人交通事故的重要因素，同时老年人步行活动在建成环境对老年人交通事故影响关系中具有显著的中介效应。其中，在居住用地、绿地与广场用地、土地利用混合度、购物设施、医院数量、人行天桥、交叉口密度对老年人交通事故的影响中表现为完全中介。公共服务用地、公共交通密度、人口密度、路网密度表现为部分中介效应。

7.2 创新与展望

本书以渝中区为例，希望在现有建成环境对老年人步行活动及步行安全研究的基础上实现以下创新：①通过搭建 GBRT 模型，探究建成环境对老年人步行活动的非线性影响；②构建中介效应模型，考虑老年人步行活动在建成环境与交通事故之间的中介作用，构建了"建成环境–步行活动–步行安全"的完整路径，为老年人步行活动及步行安全的研究提供了新的视角。本书取得了一定的研究成果，但研究仍存在以下问题有待进一步探讨。

（1）对建成环境指标的考虑

本书对于建成环境要素的考虑均为客观建成环境，缺少对主观建成环境的考虑。虽然在问卷收集中有涉及老年人对建成环境的主观认识，但此部分收集结果并不理想。除客观建成环境对老年人步行活动产生影响外，老年人的主观感知也是影响其步行活动重要因素，通过对感知层面的建成环境要素剖析，能够进一步揭示建成环境与步行活动的关系。后续将丰富建成环境的要素指标，研究主客观建成环境对老年人步行活动的影响与机制。

（2）其他中介变量的考虑

本书分析了建成环境、老年人步行活动、老年人交通事故之间的互动关系，然而影响交通事故发生的因素众多，如交通量、车速等。然而，本书在探究建成环境、步行活动、交通事故之间的关系过程中，由于研究条件和研究重点的限制并未将其考虑在内，这可能造成一定的局限。后续的研究将扩大其他变量的考虑，用更完善的指标探究建成环境对老年人步行安全影响的路径。

参 考 文 献

曹阳，甄峰，姜玉培．2019. 基于活动视角的城市建成环境与居民健康关系研究框架［J］．地理科学，39（10）：1612-1620.

柴彦威，赵莹，马修军，等．2010. 基于移动定位的行为数据采集与地理应用研究［J］．地域研究与开发，29（6）：1-7.

陈春，陈勇，于立，等．2017. 为健康城市而规划：建成环境与老年人身体质量指数关系研究［J］．城市发展研究，24（4）：7-13.

陈春，塔吉努尔·海力力，陈勇．2018. 女性老年人肥胖的建成环境影响因素及规划响应研究［J］．人文地理，33（4）：76-81.

陈泳，曾智峰，吴昊，等．2021. 街区建成环境对老年人休闲和购物步行的影响分析——以上海市中心城区为例［J］．当代建筑，（3）：124-128.

丁薇，徐铖铖，刘攀．2017. 用地组合形态划分与交通安全影响因素分析［J］．东南大学学报（自然科学版），47（5）：1074-1078.

杜孟鸽，张嫱，袁大昌．2021. 街区建成环境对老年人健康情况影响——以天津长虹公园东部片区为例［J］．天津大学学报（社会科学版），23（1）：71-75.

冯建喜，杨振山．2015. 南京市城市老年人出行行为的影响因素［J］．地理科学进展，34（12）：1598-1608.

韩颖颖，蔡波，徐红，等．2022. 2010—2019 年南通市≥60 岁老年人伤害主要死因流行特征及趋势分析［J］．职业与健康，38（7）：898-902.

黄建中，胡刚钰．2016. 城市建成环境的步行性测度方法比较与思考［J］．西部人居环境学刊，31（1）：67-74.

戢晓峰，张琪．2021. 学区尺度下小学生通学事故风险评估及影响因素［J］．交通运输系统工程与信息，21（1）：221-226.

姜佳怡，陈明，章俊华．2020. 上海市社区公园老年游客活动差异及影响因素探究［J］．景观设计学，8（5）：94-109.

姜玉培，甄峰，孙鸿鹄，等．2020. 健康视角下城市建成环境对老年人日常步行活动的影响研究［J］．地理研究，39（3）：570-584.

雷经．2015. 城市街区物质环境对步行出行的影响研究——以重庆市江北地区 10 个街区为例［D］. 重庆：重庆大学.

李建春，起晓星，袁文华. 2022. 基于 POI 数据的建设用地多功能混合利用空间分异研究［J］. 地理科学进展，41（2）：239-250.

林华珍，倪宗瓒. 1999. 多重共线性变量的回归系数估计及检验［J］. 中国公共卫生，（2）：51-52.

刘江鸿. 2001. 我国城市人口老龄化的交通安全问题与对策［J］. 中国安全科学学报，（1）：39-42，82.

刘珺，王德，王昊阳. 2017. 上海市老年人休闲步行环境评价研究——基于步行行为偏好的实证案例［J］. 上海城市规划，（1）：43-49.

卢银桃，王德. 2012. 美国步行性测度研究进展及其启示［J］. 国际城市规划，27（1）：10-15.

陆化普. 2003. 城市交通管理评价体系［M］. 北京：人民交通出版社.

钱大琳，张敏敏，赵伟涛. 2012. 行人服务水平评价的半定量方法［J］. 华南理工大学学报（自然科学版），40（7）：33-40.

丘建栋，林青雅，李强. 2018. 基于手机信令数据的居住和出行特征分析——以深圳市为例［C］. 北京：2018 世界交通运输大会.

沈晶，杨秋颖，郑家鲲，等. 2019. 建成环境对中国儿童青少年体力活动与肥胖的影响：系统文献综述［J］. 中国运动医学杂志，38（4）：312-326.

塔娜，曾屿恬，朱秋宇，等. 2020. 基于大数据的上海中心城区建成环境与城市活力关系分析［J］. 地理科学，40（1）：60-68.

谭少华，李英侠. 2014. 住区街道步行安全影响因素实证研究［J］. 城市问题，（8）：50-54.

滕敏. 2018. 城市道路交通事故成因及影响关系分析——以深圳市坪山区为例［J］. 交通与运输（学术版），（1）：174-177，196.

汪益纯，陈川. 2010. 基于老龄化社会发展的道路交通设计问题探讨［J］. 道路交通与安全，10（4）：24-27.

王侠，焦健. 2018. 基于通学出行的建成环境研究综述［J］. 国际城市规划，33（6）：57-62.

王雪松，袁景辉. 2017. 城郊公路路网特征交通安全影响研究［J］. 中国公路学报，30（4）：106-114.

王园园. 2019. 住区建成环境对老年人步行出行影响及优化策略研究［D］. 哈尔滨：哈尔滨工业大学.

温忠麟，方杰，谢晋艳，等. 2022. 国内中介效应的方法学研究［J］. 心理科学进展，30（8）：1692-1702.

温忠麟，叶宝娟. 2014. 中介效应分析：方法和模型发展［J］. 心理科学进展，22（5）：731-745.

温忠麟, 张雷, 侯杰泰, 等. 2004. 中介效应检验程序及其应用 [J]. 心理学报, 36 (5): 614-620.

吴轶辉. 2017. 建成环境与出行方式对老年人休闲性体力活动的影响研究——以苏州工业园区为例 [D]. 苏州: 苏州大学.

吴忠观. 1997. 人口科学辞典 [M]. 成都: 西南财经大学出版社.

谢波, 庞哲, 安子豪. 2020. 基于交通安全视角的城市土地混合利用模式研究 [J]. 城市发展研究, 27 (8): 19-24.

谢波, 肖扬谋. 2022. 城市道路网络特征对交通事故作用机理的研究进展 [J]. 地理科学进展, 41 (10): 1956-1968.

谢波, 郑依玲, 李志刚, 等. 2019. 行为活动视角下城市老年人户外空间的规划布局模式——以武汉为例 [J]. 现代城市研究, (2): 30-37.

于一凡. 2020. 建成环境对老年人健康的影响: 认识基础与方法探讨 [J]. 国际城市规划, 35 (1): 1-7.

岳亚飞, 杨东峰, 徐丹. 2022. 建成环境对城市老年居民心理健康的影响机制——基于客观和感知的对比视角 [J]. 现代城市研究, (1): 6-14.

张殿业. 2005. 道路交通安全管理评价体系 [M]. 北京: 人民交通出版社.

张煊, 刘勇, 侯全华, 等. 2018. 基于 GIS 热点技术的低碳出行街区建成环境特征探析 [J]. 长安大学学报 (自然科学版), 38 (1): 89-97.

赵渺希, 钟烨, 王世福, 等. 2014. 不同利益群体街道空间意象的感知差异——以广州恩宁路为例 [J]. 人文地理, 29 (1): 72-79.

中国政府网. 2022. 国家卫健委: 近十年我国老龄工作取得显著成效 [DB/OL]. https://www.gov.cn/xinwen/2022-09/21/content_5710849.htm.

中华人民共和国住房和城乡建设部. 2018. JGJ450-2018 老年人照料设施建筑设计标准 [S]. 北京: 中国标准出版社.

Agran P F, Winn D G, Anderson C L, et al. 1996. The role of the physical and traffic environment in child pedestrian in juries [J]. Pediatrics, 98 (1): 1096-1103.

Amoh- Gyimah R, Saberi M, Sarvi M. 2016. Macroscopic modeling of pedestrian and bicycle crashes: A cross- comparison of estimation methods [J]. Accident Analysis & Prevention, 93: 147-159.

An R, Tong Z, Ding Y, et al. 2022. Examining non- linear built environment effects on injurious traffic collisions: A gradient boosting decision tree analysis [J]. Journal of Transport & Health, 24: 101296.

Asadi M, Ulak M B, Geurs K T, et al. 2022. A comprehensive analysis of the relationships between the built environment and traffic safety in the Dutch urban areas [J]. Accident Analysis &

Prevention, 172: 106683.

Asher L, Aresu M, Falascheetti E, et al. 2012. Most older pedestrians are unable to cross the road in time: A cross-sectional study [J]. Age and Ageing, 41 (5): 690-694.

Bahrainy H, Khosravi H. 2013. The impact of urban design features and qualities on walkability and health in under-construction environments: The case of Hashtgerd New Town in Iran [J]. Cities, 31: 17-28.

Baron R M, Kenny D A. 1986. The moderator-mediator variable distinction in social psychological research: Conceptual, strategic, and statistical considerations [J]. Journal of Personality and Social Psychology, 51 (6): 1173-1182.

Berke E M, Koepsell T D, Moudon A V, et al. 2007. Association of the built environment with physical activity and obesity in Older Persons [J]. American Journal of Public Health, 97 (3): 486-492.

Box P C. 2004. Curb-parking problems: Overview [J]. Journal of Transportation Engineering, 130 (1): 1-5.

Cerin E, Macfarlane D, Sit C, et al. 2013. Effects of built environment on walking among Hong Kong older adults [J]. Hong Kong Medical Journal, 19 (4): 39-41.

Cerin E, Sit C, Barnett A, et al. 2012. Walking for recreation and perceptions of the neighborhood environment in older Chinese urban dwellers [J]. Journal of Urban Health, 90 (1): 56-66.

Cervero R, Kockelman K. 1997. Travel demand and the 3Ds: density, diversity, and design [J]. Transportation Research Part D: Transport and Environment, 2 (3): 199-219.

Chen P, Zhou J. 2016. Effects of the built environment on auto-mobile-involved pedestrian crash frequency and risk [J]. Journal of Transportation Health, 3 (4): 448-456.

Cheng L, Chen X, Yang S, et al. 2019. Active travel for active ageing in China: The role of built environment [J]. Journal of Transport Geography, 76: 142-152.

Cheng L, Vos J D, Zhao P, et al. 2020. Examining non-linear built environment effects on elderly's walking: A random forest approach [J]. Transportation Research Part D: Transport and Environment, 88: 102552.

Choi T, Lee H S, Choo S, et al. 2015. Development of severity model for elderly pedestrian accidents considering urban facility factor [J]. Journal of the Korean Society of Safety, 30 (1): 94-103.

Choi Y, Cho G. 2006. Development of the fundamental technology for ubiquitous road disaster management system [J]. Journal of Korean Society for Geospatial Information Science, 14 (3): 39-46.

Clifton K J, Burnier C V, Akar G. 2009. Severity of injury resulting from pedestrian-vehicle crashes: What can we learn from examining the built environment? [J]. Transportation Research Part D:

Transport and Environment, 14 (6): 425-436.

Congiu T, Sotgiu G, Castiglia P, et al. 2019. Built environment features and pedestrian accidents: An Italian retrospective study [J] . Sustainability, 11 (4): 1-14.

Das S, Bibeka A, Sun X, et al. 2019. Elderly pedestrian fatal crash-related contributing factors: applying empirical bayes geometric mean method [J] . Transportation Research Record: Journal of the Transportation Research Board, 2673 (8): 254-263.

Ding C, Chen P, Jiao J. 2018. Non-linear effects of the built environment on automobile-involved pedestrian crash frequency: A machine learning approach [J] . Accident Analysis and Prevention, 112: 116-126.

Ding D, Sallis J F, Norman G J, et al. 2014. Neighborhood environment and physical activity among older adults: Do the relationships differ by driving status? [J] . Journal of Aging and Physical Activity, 22 (3): 421-431.

Duim E, Lebrão M L, Antunes J, et al. 2017. Walking speed of older people and pedestrian crossing time [J] . Journal of Transport and Health, 5: 70-76.

Dumbaugh E, Gattis J L. 2005. Safe streets, livable streets [J] . Journal of the American Planning Association, 71 (3): 283-300.

Dumbaugh E, Rae R. 2009. Safe urban form: Revisiting the relationship between community design and traffic safety [J] . Journal of the American Planning Association, 75 (3): 309-329.

Duncan M J, Winkler E, Sugiyama T, et al. 2010. Relationships of land use mix with walking for transport: Do land uses and geographical scale matter? [J] . Journal of Urban Health, 87 (5): 782-795.

Ewing R, Cervero R. 2001. Travel and the built environment: A synthesis [J] . Transportation Research Record: Journal of the Transportation Research Board, 1780 (1): 87-114.

Ewing R, Cervero R. 2010. Travel and the built environment: A meta-analysis [J] . Journal of the American Planning Association, 76 (3): 265-294.

Ewing R, Dumbaugh E. 2009. The built environment and traffic safety: A review of empirical evidence [J]. Journal of Planning Literature, 23 (4): 347-367.

Ewing R, Greenwald M J, Zhang M, et al. 2009. Measuring the impact of urban form and transit access on mixed use site trip generation rates: Portland pilot study [M] . Washington D. C. : US Environmental Protection Agency,

Ewing R, Pendall R, Chen D. 2003. Measuring sprawl and its transportation impacts [J] . Transportation Research Record, 1831 (1): 175-183.

Ewing R, Schieber R A, Zegeer C V. 2003. Urban sprawl as a risk factor in motor vehicle occupant and pedestrian facilities [J] . American Journal of Public Health, 93 (9): 1541-1545.

Fozard J L. 1981. Person- environment relationships in adulthood: Implications for human factors engineering [J]. Human Factors, 23 (1): 7-27.

Friedman J H. 2001. Greedy function approximation: A gradient boosting machine [J]. Annals of Statistics, 29, 1189-1232.

Geoplan Urban and Traffic Planning. 1993. Evaluation of Pedestrian Road Safety Facilities [R]. Sydney: Road Safety Bureau, Roads & Traffic Authority.

Gim T H T. 2013. The relationships between land use measures and travel behavior: A meta- analytic approach [J]. Transportation Planning and Technology, 36 (5): 413-434.

Graham D, Glaister S. 2003. Spatial variation in road pedestrian casualties: The role of urban scale, density and land- use mix [J]. Urban Studies, 40 (8): 1591-1607.

Griswold J, Fishbain B, Washington S, et al. 2011. Visual assessment of pedestrian crashes [J]. Accident Analysis and Prevention, 43 (1): 301-306.

Grisé E, Buliung R, Rothman L, et al. 2018. A geography of child and elderly pedestrian injury in the city of Toronto, Canada [J]. Journal of Transport Geography, 66: 321-329.

Guo Q, Xu P, Pei X, et al. 2017. The effect of road network patterns on pedestrian safety: A zone-based Bayesian spatial modeling approach [J]. Accident Analysis and Prevention, 99: 114-124.

Gårder P E. 2004. The impact of speed and other variables on pedestrian safety in Maine [J]. Accident Analysis and Prevention, 36 (4): 533-542.

Gómez L F, Parra D C, Buchner D, et al. 2010. Built environment attributes and walking patterns among the elderly population in Bogotá [J]. American Journal of Preventive Medicine, 38 (6): 592-599.

Hadayeghi A, Shalaby A S, Persaud B N, et al. 2006. Temporal transferability and updating of zonal level accident prediction models [J]. Accident Analysis and Prevention, 38 (3): 579-589.

Hall K S, McAuley E. 2010. Individual, social environmental and physical environmental barriers to achieving 10000 steps per day among older women [J]. Health Education Research, 25 (3): 478-488.

Hamidi S, Ewing R, Preuss I, et al. 2015. Measuring sprawl and its impacts [J]. Journal of Planning Education and Research, 35 (1): 35-50.

Handy S L, Boarnet M G, Ewing R, et al. 2002. How the built environment affects physical activity: Views from urban planning [J]. American Journal of Preventive Medicine, 23 (2): 64-73.

Handy S L. 1996. Urban form and pedestrian choices: Study of Austin neighborhoods [J]. Transportation Research Record, 1552 (1): 135-144.

Handy S, Cao X Y, Mokhtarian P L. 2006. Self-Selection in the Relationship between the Built Environment and walking: Empirical evidence from Northern California [J]. Journal of the American

Planning Association, 72（1）：55-74.

Hanson C S, Noland R B, Brown C. 2013. The severity of pedestrian crashes: An analysis using google street view imagery ［J］. Journal of Transport Geography, 33：42-53.

Haque M M, Chin H C, Debnath A K. 2013. Sustainable, safe, smart—three key elements of Singapore's evolving transport policies ［J］. Transport Policy, 27：20-31.

Harvey C, Aultman-Hall L. 2015. Urban streetscape design and crash severity ［J］. Transportation Research Record, 2500（1）：1-8.

Harwood D W, Bauer K M, Richard K R, et al. 2008. Pedestrian Safety Prediction Methodology ［R］.

Hastie T J, Friedman J H, Tibshirani R. 2001. The Elements of Statistical Learning: Data Mining, Inference, and Prediction ［M］. Heidelberg: Springer.

HayesA F, Preacher K J. 2014. Statistical mediation analysis with a multicategorical independent variable ［J］. British Journal of Mathematical and Statistical Psychology, 67（3）, 451-470.

Hoxie R E, Rubenstein L Z. 1994. Are older pedestrians allowed enough time to cross intersections safely? ［J］. Journal of the American Geriatrics Society, 42（3）：241-244.

Huang Y, Sun D J, Zhang L H. 2018. Effects of congestion on drivers' speed choice: Assessing the mediating role of state aggressiveness based on taxi floating car data ［J］. Accident Analysis & Prevention, 117：318-327.

Hwang J, Joh K, Woo A. 2017. Social inequalities in child pedestrian traffic injuries: Differences in neighborhood built environments near schools in Austin, TX, USA ［J］. Journal of Transpor and Health, 6：40-49.

Isola P D, Bogert J N, Chapple K M, et al. 2019. Google street view assessment of environmental safety features at the scene of pedestrian automobile injury ［J］. Journal of Trauma and Acute Care Surgery, 87（1）：82-86.

Judd C M, Kenny D A. 1981. Process analysis: Estimating mediation in treatmentevaluations ［J］. Evaluation Review, 5（5）, 602-619.

Julien D, Richard L, Gauvin L, et al. 2015. Transit use and walking as potential mediators of the association between accessibility to services and amenities and social participation among urban-dwelling older adults: Insights from the VoisiNuAge study ［J］. Journal of Transport & Health, 2（1）：35-43.

Kamel M B, Sayed T, Osama A. 2019. Accounting for mediation in cyclist-vehicle crash models: A Bayesian mediation analysis approach ［J］. Accident Analysis & Prevention, 131：122-130.

Kamruzzaman M, Washington S, Baker D, et al. 2016. Built environment impacts on walking for transport in Brisbane, Australia ［J］. Transportation, 43（1）：53-77.

Kaygisiz Ö, Senbil M, Yildiz A. 2017. Influence of urban built environment on traffic accidents: The case of Eskisehir (Turkey) [J] . Case Studies on Transport Policy, 5 (2): 306-313.

Kerr J, Rosenberg D, Frank L. 2012. The role of the built environment in healthy aging: Community design, physical activity, and health among older adults [J] . Journal of Planning Literature, 27 (1): 43-60.

Kim D. 2019. The transportation safety of elderly pedestrians: Modeling contributing factors to elderly pedestrian collisions [J] . Accident Analysis and Prevention, 131: 268-274.

Kim S, Ulfarsson G F. 2004. Travel mode choice of the elderly: effects of personal, household, neighborhood, and trip characteristics [J] . Transportation Research Record, 1894 (1): 117-126.

Kim S, Ulfarsson G F. 2018. Traffic safety in an aging society: Analysis of older pedestrian crashes [J] . Journal of Transportation Safety and Security, 11 (3): 323-332.

Ladrón de Guevara F, Washington S, Oh J, et al. 2004. Forecasting crashes at the planning level: Simultaneous negative binomial crash model applied in Tucson, Arizona [J] . Transportation Research Record: Journal of the Transportation Research Board, 1897 (1): 191-199.

Langlois J A, Keyl P M, Guralnik J M, et al. 1997. Characteristics of older pedestrians who have difficulty crossing the street [J] . American Journal of Public Health, 87 (3): 393-397.

Leal C, Chaix B. 2011. The influence of geographic life environments on cardiometabolic risk factors: A systematic review, a methodological assessment and a research agenda [J] . Obesity Reviews, 12 (3): 217-230.

Lee C, Abdel-Aty M. 2005. Comprehensive analysis of vehicle-pedestrian crashes at intersections in Florida [J] . Accident Analysis and Prevention, 37 (4): 775-786.

Lee J S, Zegras P C, Ben-Joseph E. 2013. Safely active mobility for urban baby boomers: The role of neighborhood design [J] . Accident Analysis & Prevention, 61: 153-166.

Lee J Y, Chung J H, Son B S. 2008. Analysis of traffic accident size for Korean highway using structural equations model [J] . Accident Analysis and Prevention, 40 (6): 1955-1963.

Lee S, Yoon J, Woo A. 2020. Does elderly safety matter? Associations between built environments and pedestrian crashes in Seoul, Korea [J] . Accident Analysis & Prevention, 144: 105621.

Li F, Fisher K J, Brownson R C, et al. 2005. Multilevel modelling of built environment characteristics related to neighbourhood walking activity in older adults [J] . Journal of Epidemiology and Community Health, 59 (7): 558-564.

Liu J, Wang B, Xiao L. 2021. Non-linear associations between built environment and active travel for working and shopping: An extreme gradient boosting approach [J] . Journal of Transport Geography, 92: 103034.

Liu Y, Tung Y. 2014. Risk analysis of pedestrians' road-crossing decisions: Effects of age, time gap, time of day, and vehicle speed [J]. Safety Science, 63: 77-82.

Loukaitou-Sideris A, 2007. Liggett R, Sung H, et al. Death on the crosswalk: A study of pedestrian-automobile collisions in Los Angeles [J]. University of California Transportation Center Working Papers, 26 (3): 338-351.

Lyon C, Persaud B. 2002. Pedestrian collision prediction models for urban intersections [J]. Transportation research record, 1818 (1): 102-107.

Mackay M. 1988. Crash Protection for Older Persons: Crash Protection for Older Persons [R]. Transportation Research Board Special Report.

Marks H. 1957. Subdividing for traffic safety [J]. Traffic Quarterly, 11 (3): 308-325.

Martin A J, Hand E B, Trace F, et al. 2010. Pedestrian fatalities and injuries involving Irish older people [J]. Gerontology, 56 (3): 266-271.

Merlin L A, Guerra E, Dumbaugh E. 2020. Crash risk, crash exposure, and the built environment: A conceptual review [J]. Accident Analysis & Prevention, 134: 105244.

Miranda-Moreno L F, Morency P, El-Geneidy A M. 2011. The link between built environment, pedestrian activity and pedestrian-vehicle collision occurrence at signalized intersections [J]. Accident Analysis and Prevention, 43 (5): 1624-1634.

Moniruzzaman M, Páez A, Scott D M, et al. 2015. Trip generation of seniors and the geography of walking in Montreal [J]. Environment and Planning A: Economy and Space, 47 (4): 957-976.

Moudon A V, Lin L, Jiao J F, et al. 2011. The risk of pedestrian injury and fatality in collisions with motor vehicles: A social ecological study of state routes and city streets in King County, Washington [J]. Accident Analysis and Prevention, 43 (1): 11-24.

Narayanamoorthy S, Paleti R, Bhat C R. 2013. On Accommodating spatial dependence in bicycle and pedestrian injury counts by severity level [J]. Transportation Research Part B: Methodological, 55: 245-264.

Nelson M E, Rejeski J, Blair S N, et al. 2007. Physical activity and public health in older adults: Recommendation from the American College of Sports Medicine and the American Heart Association [J]. Medicine and Science in Sports and Exercise, 116 (9): 1094.

NHTSA. 2011. Traffic safety facts 2011: A Compilation of Motor Vehicle Crash Data from the Fatality Analysis Reporting System and the General Estimates System [R]. Washington D. C. : NHTSA.

Ossenbruggen P J, Pendharkar J, Ivan J. 2001. Roadway safety in rural and small urbanized areas [J]. Accident Analysis and Prevention, 33 (4): 485-498.

Oxley J, Charlton J, Fildes B. 2004. Older pedestrians: meeting their safety and mobility needs [C]. In: 2004 Road Safety Research, Policing and Education Conference (Austroads Research Coordination Advisory Group 14 November 2004 to 16 November 2004). WA Office of Road Safety.

O'Hern S, Oxley J, Logan D. 2015. Older adults at increased risk as pedestrians in Victoria, Australia: An examination of crash characteristics and injury outcomes [J]. Traffic Injury Prevention, 16 (2): 161-167.

Papadimitriou E, Yannis G, Evgenikos P. 2009. About pedestrian safety in Europe [C]. Perancis, Paris: International Conference Road Safety and Simulation.

Peden M, Scurfield R, Sleet D, et al. 2004. World Report on Road Traffic Injury Prevention [R]. Geneva: World Health Organization.

Persaud B N, Retting R A, Gårder P E, et al. 2002. Crash Reductions Following Installation of Roundabouts in the United States [R]. Arlington, VA: Insurance Institute for Highway Safety.

Pikora T, Giles- Corti B, Bull F, et al. 2003. Developing a framework for assessment of the environmental determinants of walking and cycling [J]. Social Science and Medicine, 56 (8): 1693-1703.

Queensland Government. 2016. Stopping distances on wet and dryroads [EB/OL]. https://www. qld. gov. au/transport/safety/road- safety/driving- safely/stopping- distances/graph. html [2016-11-14].

Ratti C, Frenchman D, Pulselli R M, et al. 2006. Mobile landscapes: Using location data from cell phones for urban analysis [J]. Environment and Planning B: Planning and Design, 33 (5): 727-748.

Retting R A, Ferguson S A, McCarttT A T. 2003. A review of evidence- based traffic engineering measures designed to reduce pedestrian- motor vehicle crashes [J]. American Journal of Public Health, 93 (9): 1456-1463.

Ribeiro A I, Mitchell R, Carvalho M S, et al. 2013. Physical activity- friendly neighbourhood among older adults from a medium size urban setting in Southern Europe [J]. Preventive Medicine, 57 (5): 664-670.

Romero- Ortuno R, Cogan L, Cunningham C U, et al. 2010. Do older pedestrians have enough time to cross roads in Dublin? A critique of the traffic management Guidelines based on clinical research findings [J]. Age and Ageing, 39 (1): 80-86.

Rothman L, Howard A W, Camden A, et al. 2012. Pedestrian crossing location influences injury severity in urban areas [J]. Injury Prevention, 18 (6): 365-370.

Sallis J F, Bauman A, Pratt M. 1998. Environmental and policy interventions to promote physical activity [J]. American Journal of Preventive Medicine, 15 (4): 379-397.

Satariano W A, Ivey S L, Kurtovich E, et al. 2010. Lower- body function, neighborhoods, and walking in an older population [J]. American Journal of Preventive Medicine, 38 (4): 419-428.

Shin W H, Kweon B S, Shin W J. 2011. The distance effects of environmental variables on older African American women's physical activity in Texas [J]. Landscape and Urban Planning, 103 (2): 217-229.

Siddiqui C, Abdel- Aty M, Choi K. 2012. Macroscopic Spatial analysis of pedestrian and bicycle crashes [J]. Accident Analysis & Prevention, 45: 382-391.

Sliupas, Tomas. 2009. The impact of road parameters and the surrounding area on traffic accidents [J]. Transport, 24 (1): 42-47.

Sullivan J M, Flannagan M J. 2002. The role of ambient light level in fatal crashes: Interferences from daylight savings time transitions [J]. Accident Analysis and Prevention, 34 (4): 487-489.

Sun G, Oreskovic N M, Lin H. 2014. How do changes to the built environment influence walking behaviors? A longitudinal study within a university campus in Hong Kong [J]. International Journal of Health Geographics, 13 (28): 1-10.

Swift P, Painter D, Goldstein M. 2006. Residential Street Typology and Injury Accident Frequency [R]. Longmont: Longmont Planning Department.

Tao T, Wang J, Cao X. 2020. Exploring the non- linear associations between spatial attributes and walking distance to transit [J]. Journal of Transport Geography, 82: 102560.

Ukkusuri S, Hasan S, Aziz H M A. 2011. Random parameter model used to explain effects of built-environment characteristics on pedestrian crash frequency [J]. Transportation Research Record: Journal of the Transportation Research Board, 2237 (1): 98-106.

Ukkusuri S, Miranda- Moreno L F, Ramadurai G, et al. 2012. The role of built environment on pedestrian crash frequency [J]. Safety Science, 50 (4): 1141-1151.

United Nations. 2022. World Population Prospects 2022 [EB/OL]. https://population. un. org/wpp/Publications/Files/WPP2022_Data_Sources. pdf [2023-12-06].

Wali B, Frank L D, Chapman J E, et al. 2021. Developing policy thresholds for objectively measured environmental features to support active travel [J]. Transportation Research Part D: Transport and Environment, 90: 102678.

Wang D, Chai Y, Li F. 2011. Built environment diversities and activity−travel behaviour variations in Beijing, China [J]. Journal of Transport Geography, 19 (6): 1173-1186.

Wang Y, Kockelman K M. 2013. A Poisson-lognormal conditional-autoregressive model for multivariate spatial analysis of pedestrian crash counts across neighborhoods [J]. Accident Analysis and Prevention, 60: 71-84.

WHO. 2016. World Report on Ageing and Health [R]. Geneva: WHO Press.

Wier M, Weintraub J, Humphreys E H, et al. 2009. An area-level model of vehicle-pedestrian injury collisions with implications for land use and transportation planning [J]. Accident Analysis and

Prevention, 41 (1): 137-145.

Yaffe K, Barnes D, Nevitt M, et al. 2001. A prospective study of physical activity and cognitive decline in elderly women: Women who walk [J]. Archives of Internal Medicine, 161 (14): 1703-1708.

Yang L, Ao Y, Ke J, et al. 2021. To walk or not to walk? Examining non-linear effects of streetscape greenery on walking propensity of older adults [J]. Journal of Transport Geography, 94: 103099.

Yang Y, He D, Gou Z, et al. 2019. Association between street greenery and walking behavior in older adults in Hong Kong [J]. Sustainable Cities and Society, 51: 101747.

Yannis G, Papadimitriou E, Evgenikos P. 2011. About pedestrian safety in Europe [J]. Advances in Transportation Studies, 24 (24): 5-14.

Ye R, Titheridge H. 2017. Satisfaction with the commute: The role of travel mode choice, built environment and attitudes [J]. Transportation Research Part D: Transport and Environment, 52: 535-547.

Yeo J, Park S, Jang K. 2015. Effects of urban sprawl and vehicle miles traveled on traffic fatalities [J]. Traffic Injury Prevention, 16 (4): 397-403.

Yoon J, Lee S. 2021. Spatio-temporal patterns in pedestrian crashes and their determining factors: Application of a space-time cube analysis model [J]. Accident Analysis & Prevention, 161: 106291.

Zajac S S, Ivan J N. 2003. Factors influencing injury severity of motor vehicle–crossing pedestrian crashes in rural Connecticut [J]. Accident Analysis and Prevention, 35 (3): 369-379.

Zegeer C V, Bushell M. 2012. Pedestrian crash trends and potential countermeasures from around the world [J]. Accident Analysis and Prevention, 44 (1): 3-11.

Zegeer C V, Council F M. 1995. Safety relationships associated with cross-sectional roadway elements [J]. Transportation Research Record Journal of the Transportation Research Board, (1512): 29-36.

Zegeer C V, Seiderman C, Lagerwey P, et al. 2002. Pedestrian Facilities Users Guide—Providing Safety and Mobility [R]. Chapel Hill, NC: Highway Safety Research Center.

Zhang Q, Ge Y, Qu W, et al. 2018. The traffic climate in China: The mediating effect of traffic safety climate between personality and dangerous driving behavior [J]. Accident Analysis & Prevention, 113: 213-223.

Zhang R, He X, Liu Y, et al. 2022. The relationship between built environment and mental health of older adults: Mediating effects of perceptions of community cohesion and community safety and the moderating effect of income [J]. Frontiers in Public Health, 10: 881169.

Zhao H, Yin Z, Chen R, et al. 2010. Investigation of 184 passenger car–pedestrian accidents [J].

International Journal of Crashworthiness, 15 (3): 313-320.

Zivotofsky A Z, Eldror E, Mandel R, et al. 2012. Misjudging their own steps: Why elderly people have trouble crossing the road [J]. Human Factors: The Journal of the Human Factors and Ergonomics Society, 54 (4): 600-607.

Özen M, Sayin C G, Yuruk Y. 2017. Analysis of the pedestrian accidents in Turkey [J]. International Journal of Engineering and Geosciences, 2 (3): 100-109.

建成环境与老年人步行活动调查问卷

尊敬的先生/女士：

　　您好！我们是重庆交通大学的学生，感谢您的真诚配合。本次社会调查目的在于了解您的步行活动以及对周围建成环境的一些看法。本问卷匿名填写，所有数据仅用于科学研究，我承诺对您的信息保密（本问卷仅针对 60 岁及以上老年人群）。

　　问卷编号：　　　　　　调查日期：　　　　　　调查员：

第一部分：基本情况调查

1. 您的年龄＿＿＿＿＿＿。

2. 您的性别＿＿＿＿＿＿。

3. 您的身高＿＿＿＿，体重＿＿＿＿＿。

4. 您的受教育程度是＿＿＿＿＿＿。

　　A. 小学及小学以下　　　　　　　　B. 初中

　　C. 高中（含中专）　　　　　　　　D. 大学（含大专）及以上

5. 您的个人月支出是＿＿＿＿＿。

　　A. 1000 元以下　　　　B. 1000～2000 元　　　　C. 2000～3000 元

　　D. 3000～4000 元　　　　E. 4000 元以上

6. 您的个人每月的稳定收入是＿＿＿＿＿。

　　A. 1500 元以下　　　　B. 1500～3000 元　　　　C. 3000～4500 元

　　D. 4500–6000 元　　　　E. 6000 元以上

7. 您居住的小区是＿＿＿＿＿＿＿。

8. 您觉得您目前的身体状况如何？

  A. 健康   B. 轻微不适

  C. 慢性病（高血压、冠心病等）   D. 重大疾病/罕见病

  F. 其他_____。

第二部分：老年人步行活动特征

9. 您是否喜欢外出步行活动？

  A. 是   B. 否

10. 您平均每天步行的时间大概是_____。

  A. 半小时以内   B. 0.5~1 小时   C. 1~1.5 小时

  D. 1.5~2 小时   E. 2 小时及以上

11. 您平均每天外出进行买菜、买药等购物活动的次数是_____，平均每次花费的时间大概为____。

12. 步行到您最常去的菜市场（包括超市、果蔬商铺）需要多长时间？

  A. 5 分钟以内   B. 5~10 分钟   C. 10~15 分钟

  D. 15~20 分钟   E. 20 分钟及以上

13. 步行到您常去的药店需要多长时间？

  A. 5 分钟以内   B. 5~10 分钟   C. 10~15 分钟

  D. 15~20 分钟   E. 20 分钟及以上

14. 步行到您最常买衣服的店大概需要多长时间？

  A. 5 分钟以内   B. 5~10 分钟   C. 10~15 分钟

  D. 15~20 分钟   E. 20 分钟及以上

15. 您平均每天参与打牌、跳舞、散步等休闲娱乐活动_____次，平均每次花费的时间为_____。

16. 步行到您最常去的棋牌室大概需要多长时间？

  A. 5 分钟以内   B. 5~10 分钟   C. 10~15 分钟

  D. 15~20 分钟   E. 20 分钟及以上

17. 步行到您最常去的公园（包括绿地、广场）大概需要多长时间？

  A. 5 分钟以内   B. 5~10 分钟   C. 10~15 分钟

  D. 15~20 分钟   E. 20 分钟及以上

18. 步行到离您最近的体育馆（游泳馆）大概需要多长时间？

    A. 5 分钟以内   B. 5～10 分钟   C. 10～15 分钟

    D. 15～20 分钟   E. 20 分钟及以上

19. 您平均每年外出就医 _____ 次，平均每次花费的时间为 _____。

20. 步行到您常去的诊所需要多长时间？

    A. 5 分钟以内   B. 5～10 分钟   C. 10～15 分钟

    D. 15～20 分钟   E. 20 分钟及以上

21. 步行到您常去的医院大概需要多长时间？

    A. 5 分钟以内   B. 5～10 分钟   C. 10～15 分钟

    D. 15～20 分钟   E. 20 分钟及以上

22. 您平均每周外出就餐 _____ 次，平均每次花费的时间为 _____。

23. 步行到离您最近的餐馆需要多长时间？

    A. 5 分钟以内   B. 5～10 分钟   C. 10～15 分钟

    D. 15～20 分钟   E. 20 分钟及以上

24. 您平均每年外出参加聚会 _____ 次，平均每次花费的时间为 ____。

25. 您一天的活动轨迹如何？请回忆您前一天的外出活动轨迹填写以下表格。

	0：00	1：00	2：00	3：00	4：00	5：00	6：00	7：00	8：00
活动时间									
活动内容									
活动场所									
一起活动者									

	8：00	9：00	10：00	11：00	12：00	13：00	14：00	15：00	16：00
活动时间									
活动内容									
活动场所									
一起活动者									

	16：00	17：00	18：00	19：00	20：00	21：00	22：00	23：00	0：00
活动时间									
活动内容									
活动场所									
一起活动者									

第三部分：影响老年人步行活动的建成环境因素

26. 您对周围的建成环境特征的满意度（请根据您的满意程度进行选择）。

建成环境特征	评价因子	评价等级				
	内容	很满意	满意	一般	不满意	很不满意
道路环境特征	道路交叉路口					
	道路坡度					
	道路宽度					
行人基础设施特征	人行道宽度					
	人行天桥、地下通道的设置					
	过街信号灯的设置					
	人行横道和安全岛的设置					
	人车隔离带					
临街环境特征	临街商铺多样性					
	路边停车数量					
	街道照明情况					
	与公交站点的距离					

27. 除了以上因素，您认为还有哪些建成环境因素对您的步行活动影响最大？

_____

_____

28. 您对渝中区针对老年人的交通服务设施以及建成环境的优化有什么建议？

_____

_____